KB144213

그냥 — 나라서

차례

지금보다 조금 더 어렸을 적에
병신과 머저리를 읽으며 생각했습니다.
언젠가 꼭 책 한 권을 써야겠다고.
이왕이면 해피엔딩으로 말이죠.

깨어진 마음 조각들을 손에 움켜쥐고
가만히 붙기만을 기다리진 않을 거예요.

길이 될 거야
발 닿는 곳 그 어디든

가자 ㅡ

프롤로그

반오십 살 불효녀

외국계 기업에서 인턴을 했다. '내가 어떻게 뽑힌 거지?' 운이 좋았던 것 같다. 프로젝트성 단기 인턴이었지만 함께 뽑힌 사람들은 날 제외하고 영어 성적이 좋거나 전공 자격증 혹은 관련 경험이 있는 사람들이었다.

매일 이른 아침, 출근을 하기 위해 오른 지하철엔 꾸역꾸역 넣어진 사람들로 가득했다. 사람이 이렇게 구겨질 수도 있구나 싶을 정도로 짓눌린 몸은 고단했지만 출근하는 매일이 행복했다. 회사에서 마주하는 그들은 목표를 위해 치열하게 살아가고 있는 능력 있는 사람이었으니까, 나도 그들과 함께 무언가를 생산해내는 사람이 된 것 같아 기뻤다.

아, 이런 회사에 다니고 싶다.
나도 당신들의 세계에 속해 누군가에게 멋진 어른이고 싶다.

인턴이 끝난 후 영어 회화 학원을 등록했다. 내 이력서는 쟁쟁한 스펙들 사이에서 볼품없이 초라했지만, 영어를 할 줄 안다면 저런 회사에 한 걸음 더 다가갈 수 있을 것 같았다. 영어는 내게 아주 큰 도전이다. 일찌감치 포기해 늘 9등급이었고, Be동사를 겨우 아는 수준이니 뭐, 이럴 줄 알았으면 엄마가 잔소리할 때 공부 좀 할 걸.

의무감에 했던 토익은 영 머릿속에 들어오지 않고 신발 사이즈보다 적은 점수를 전전했지만, 영어 '회화'는 생각보다 재밌었다. 주위를 둘러보면 20대 친구들부터 30대, 40대까지 다양한 연령대가 함께 공부를 한다. 남들보다 늦은 출발이라는 거 알지만 그래도 더 늦기 전에 시작하지 않아 다행이라 위로하면서. 회화 학원에 다니는 연령은 다양했지만 목적은 대부분 상통했다. 유학, 이민, 해외 취업. 그러니까 대부분이 해외에 나 가려는 사람들이었다.

학원을 등록한지 두 달 즈음, 여행이 가고 싶어졌다. 주변 사람들이 하나둘씩 해외로 떠났고, 떠날 준비 중이라 덩달아 나가고 싶어진 것 같다. 영어 실력은 처음보단 훨씬 나아졌지만 여전히 초급 수준이다. 평생 묵은 살이 단시간에 빠지지 않는 것 처럼 언어도 차근차근 실력을 쌓아야 하는 거니까 말이야. 평생 여행하며 살 수는 없을 것 같은데, 그렇다면 짧게 가는 여행 말고 질려서 더 이상 해외에 나가고 싶지 않을 만큼 긴 시간을 떠나고 싶어. 그렇게 갈 수 있을까?

인터넷 속의 세계일주를 하는 사람들은 죄다 잘나 보였다. '저도 스펙 없이 떠났으니 당신도 할 수 있어요!' 하는 희망의 메시지가 가득했지만 와 닿지 않았다. 솔직히 말해서 그들은 나와 달랐다. 토익, 토스 등 스펙이라곤 쥐뿔도 없다 했지만 이름만 들으면 누구나 다 알 법한 대학교를 다니거나 나왔고, 어떤 이는 한 번 붙기도 어렵다는 공무원이었으며, 전 대기업 직장인이었다. 이 일련의 명함이 진짜 없는 사람이라면 영어라도 잘했다. 그들이 아무렇지 않게 말하는 것들은 내게 너무나도 커 보이는 것들이었다. 가지고 싶지만 가지지 못한 것들이었다.

난 흔히 지방대라 불리는 곳을 졸업했다. 학벌로 세운 줄 저기, 저- 뒤쪽에 있는 학생이었고, 유창하게 대화할 수 있는 영어 실력도, 사업을 물려줄 부모님이 있지도 않은 이 땅의 지극히 평범한 스물다섯 백수였다. 솔직히 부끄럽지는 않다. 사랑받는 딸로 태어나 충분히 행복한 삶을 살고 있으니까. 여태 살아온 내 인생이 한심하다거나 속상하지도 않았다. 그들은 내가 웅크려있던 시절에 열심히 달렸고, 더 노력해 얻어낸 것이니 부럽지만 딱 그뿐이다. 다만 내게는 그들이 스스로 칭하는 '평범한 사람'으로 보이지 않았고, 떠날 용기가 될 수 없었다. 장기 여행에서 돌아와 비빌 언덕도 없는데, 나 여행가도 괜찮은 걸까?

몇 년 더 어렸던 대학생 때처럼 내 마음이 가는 대로 덜컥 떠나기엔 그래도 되는 것인지 확신이 서질 않는다. 고작 몇 살의 나이와 함께 겁도 늘어났나 보다. 올해 떠나 내년에 돌아온다면 내 나이 스물여섯. 취업 시장에서 여자는 나이도 중요하다던데 스물여섯의 변변치 않은 나를 뽑아줄까? 객관적으로 생각해보자. 지금 내가 한국에서 공부를 더 한다고 부모님이 원하는 '좋은 곳'에 취업할 수 있을까? 글쎄, 아닐 것 같아. 취업이 된 후에 회사를 다니다 그만두고 떠나는 건? 그런 건 전문직인 사람 아니고서는 재취업하기 어렵겠지? 난 그렇게 똑똑하고 능력 있는 사람 아닌데…. 어차피 작은 회사에 취업할 거라면 취업 후 어렵게 퇴사하지 말고 아무것도 없을 때 다녀오는 게 낫겠다.

부모님께 허락을 구해야 했고, 어렵게 입을 뗐지만 반대하셨다. 어느 부모가 취준생 딸이 세계 여행 가는 걸 적극 찬성하겠어. 그렇게 어린 나이도 아닌데…. 효녀도 불효녀도 아닌 어중간한 딸은 부모님이 바라는 나의 삶과 내가 살고 싶은 삶, 그 가운데서 헤매이다 8살 때 쓴 일기장을 펼쳤다. 바랜 종이엔 삐뚤빼뚤한 글씨로 우리 엄마는 매일 부업과 집안일로 바쁘셔서 힘들어 보인다는, 그래서 열심히 공부해 엄마를 기쁘게 해드리겠다는 여덟 살 어린 나의 다짐이 적혀있었다. 당시 엄마의 부업인 주전자에 스티커를 붙이는 그림과 함께. 알고는 있었지만 내 인생 살기에 바빠 애써 외면해왔던 우리 엄마, 아빠의 고단했던 삶이 두둥실 수면 위로 떠올랐다.

"엄마! 나는 무슨 일을 하던 간에 벌어먹고 살 수 있을 것 같아!"

헤실거리며 말하는 내게 엄마는 대답했다.

"젊어서는 뭐든 벌어먹고 살 수 있어."

맞아. 우리 엄만 새벽에 목욕탕에서 청소를 하고, 집에선 살림과 부업을 하며, 우리가 커서는 공장에 다니던 '젊었던' 여자였다. 그때의 고생 탓인지 가까운 일본 여행조차도 가기 어려운 몸이 됐고. 엄마와 아빠의 꽃다운 시절, 우리를 위해 당신의 삶이 없었던 부모님에 대해 알고도 애써 외면해왔던 철없는 딸은 그저 울 수밖에 없었다.

엄마 아빠가 이렇게 반대하고 싫어하시는데 나는 정말 떠나야만 하는 걸까? 그깟 세계 여행이 뭐라고. 한 여행자가 말했었다. "여행은 인생이 꼬이는 가장 빠른 지름길이다."라고. 안다. 여행, 사실 별 거 없다는 거. 간다고 돈이 생기는 것도, 커리어가 생기는 것도, 취업이 더 잘 되는 것도 아니라는 것을. 오히려 더 어렵게 만들 수 있겠지. 그런데 그 별 것 아닌 선택마저도 내 길고 긴 인생 중 고작 몇 년조차 원하는 대로 살 수 없다면 그거 진짜 내 삶이 맞는 거야? 꼭 여행이 아니라 다른 무엇이라 해도 말이야.

맘이 자꾸만 기운다. 수십 수백 번을 더 고민했지만 결국 이긴 건 '불효녀 딸, 내 인생'이었다. 진민희, 진짜 못된 년 같으니라고. 취직을 하고, 연애를 하고, 그러다 가정을 꾸려 내 아이가 생긴다면 내가 짊어져야할 것들이 더 무거워질 거야. 그때가 되면 떠나지 못했던 나에 대해, 그리고 우리 부모님에 대해 조금이라도 원망하지 않을 수 있을까?

그래, 가자. 대신 효녀의 마음과 타협해서 딱 절반만. 6개월만. 누군가 내게 자기 합리화라고, 당장 닥친 현실이 무서워 도피하는 거라 손가락질한다 해도 어쩔 수 없다. 이건 내 인생이니까. 네가 대신 살아주는 게 아니니까.

엄마, 아빠 미안해.
조금만 더 모르는 척, 불효녀로 살게.

여행 후에 취업에 실패할 수도, 더 깊고 깊은 인생 슬럼프를 겪게 될지도 모르겠다. 부모님이 당당하게 자랑할 만한 딸이 될 수 있다는 확신도 없고. 그래도 무얼 하며 먹고 살던 내 인생 소중하게 가꾸어갈 자신은 있으니까. 내가 행복하게 사는 모습을 보신다면 그걸로 우리 부모님도 행복하시지 않을까 하는 이기적인 마음으로 다가오는 여름, 떠나기로 결정했다.

2월 2일 수 요일

일어난 시각	잠자는 시각
8시 [illegible] 분	10시 10분

엄마는 매일 바쁘시다.
우리를 잘 키우려고 부업도 하고....
나는 우리엄마가 매일 심들어 보인다.
왜 냐면 엄마가 맨날 하루종일
부업도 하고 집안일도 하시기때문이다.
나는 엄마를 위해서라도 공부를 열심히
해서 엄파를 기쁘게 해주어야지.
그리고 상도 타서 더 기쁘게 해줄꺼다.

오늘의 중요한 일 (제목)	오늘의 착한 일
엄마	
오늘의 반성	**내일의 할일**

POCKET MONSTERS

1

✦

사백만 원

천천히 돈을 모아 충분한 여유 자금을 들고 여행을 떠난다면 더할 나위 없이 좋겠지만, 내겐 그럴 시간이 없다. 돈을 모으면 모을수록, 떠나는 날이 미뤄지면 미뤄질수록 나이를 먹는다는 사실이 부담으로 다가오니까 최대한 빠른 시일에 떠나야 했다. 쉬는 날 없이 바짝 일해 번 돈 400만 원을 경비로 잡았다. 부모님은 물론 주변 친구들도 모두 걱정했다.

"400만 원 가지고 6개월 있다 올 거라고? 그게 가능해?"

응, 가능하더라고. 실제로 미경이라는 친구가 1년이 넘는 여행 기간 동안 500만 원 정도를 썼다고 해서 나는 미경이로부터 희망을 얻을 수 있었다. 물론 그만큼 힘들겠지만 말이야. 나름의

규칙을 정했다. 서유럽부터 쭉 오른쪽으로 이동해 집으로 도착할 것, 물가가 저렴한 국가 위주로 여행할 것, 튼튼한 두 다리로 많이 걷기, 히치하이킹 그리고 카우치 서핑 이용해보기.

히치하이킹은 많은 사람이 알다시피 엄지손가락을 번쩍 들어 타인의 차를 얻어 타는 것이고, 카우치 서핑은 현지인의 집에서 비용을 내지 않고 숙박을 할 수 있는 사이트다. 집주인(호스트)에게 간단한 소개와 함께 왜 묵고 싶은지 등의 이유를 보내면 검토 후에 나(서퍼)를 초대하는 시스템. 그냥 무료 잠자리가 아니라 문화 교류를 위해 이용되고 있다. 아무튼 둘 다 의사소통이 원활하지 않으면 어려운 부분이 있기에 꽤 겁이 났다.

떠나기 전, 온종일 '카우치 서핑'을 검색하며 프로필을 만들고, 호스트를 검색하고, 그들의 프로필을 읽고, 또 꼼꼼히 소개를 적어 편지를 보냈다. 다행히 마누리라는 파리 호스트로부터 긍정의 답변이 왔다.

"안녕 민희! 우리 집에 오는 걸 환영해!"

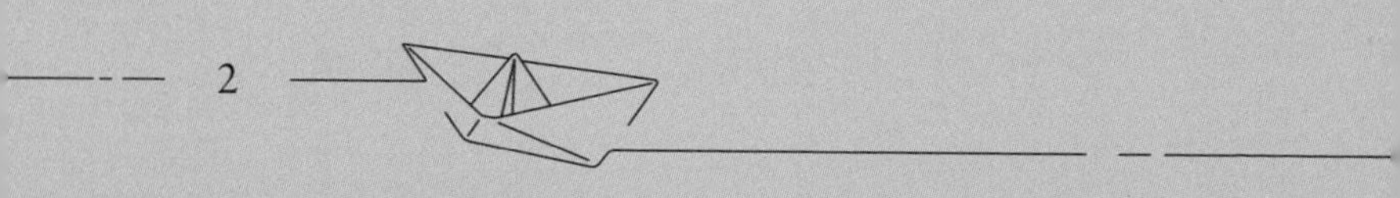
2

✦
언제나 처음은

아침 7시, 파리에 도착했다. 첫 카우치 서핑 호스트인 마누리와는 내일 밤 만나기로 해 오늘 하루만 숙소에 짐을 풀었다. 흔히 파리는 두 가지 모습으로 묘사된다. 에펠탑이 반짝이고, 낭만이 가득한 로맨틱한 도시, 혹은 소매치기가 득실거리는 더럽고 냄새나는 도시.

내겐 어떤 도시일까?

작은 가방을 앞으로 메고 숙소를 나섰다. 숙소부터 퐁피두센터, 센강, 루브르박물관, 에펠탑, 샹젤리제까지 두 발로 뚜벅뚜벅 걸었다. 파란 하늘 아래 사진에서 많이 봤던 파리의 건물들이 보인다. 손을 잡고 지나는 연인, 재잘재잘 떠드는 가족, 친구. 모두가 쌍쌍이다. 사진과 같은데 같지 않다. 사진과 글 속에서 그려졌던 파리, 에펠탑의 낭만은 어디에 있는 거지? 이 거대한 전봇대가 많은 이들의 로망이라니! 그냥 거대한 탑일 뿐이잖아? 로맨틱함도, 위험도 느껴지지 않는다. 그저 '아, 여기가 파리구나.' 싶을 뿐.

혼자서 열심히 사진을 찍어보았다. 바닥에 두고 셀프타이머로 찰칵, 확인하고 또다시 찰칵. 초점이 나가고, 내가 화면 속에서 나가고, 다시 찍기를 반복해 보니 제법 예쁜 사진이 찍혔다. 사진 속의 난 환하게 웃고 행복해 보이는데 '아, 뭐지? 재미없다.'

숙소 근처의 한적한 공원 벤치에 앉았다. 살랑살랑 불어오는 바람이 야속하게 느껴진다. '나, 잘한 선택인 걸까? 벌써부터 외로운데 어떻게 하지? 마누리와 앞으로의 호스트들과는 잘 지낼 수 있을까? 학원에서처럼 잠깐이 아니라 종일 영어로 대화해야 할 텐데 못 알아들으면 어떻게 하지, 단어를 모르면 어떻게 하지? 독일 가는 교통편 비싸던데 히치하이킹 해야겠지? 부끄러울 것 같은데 어떻게 태워달라고 하지?'

"후우우우~."

긴 한숨을 내뱉는데 유모차를 끌고 온 한 사람이 내 옆에 앉았다. 까만 머리와 피부를 가진 그녀는 갑자기 내게 인사를 건넸다. 순간 당황해 나도 모르게 "하…하이!"가 튀어나왔다.

"난 라취파. 모로코인이야. 넌?"

싱긋 웃으며 말하는 그녀에게 나도 소개를 했다.

"나는 민희야. 한국인이고."

"난 파리가 좋아.

"응?"

"여기가 좋다구. 지금 베이비시터로 일을 하고 있는데 이 아이 부모 기다리고 있어."

그녀는 사랑스러운 눈빛으로 유모차 안의 아이를 쳐다봤다.

파리에 살면 이렇게 되는 건가? 생판 처음 보는 남에게 말을 건 그녀는 자신의 태생에 대해, 자신이 좋아하는 과자에 대해 묻지 않은 사소한 것들을 읊었고, 난 그녀의 억센 영어 발음에 귀를 기울였다.

들렸다. 4개월 동안 한 영어 공부가 헛것은 아니었나 보다. 라취콰는 한 통의 전화를 받곤 "이제 그만 가야 할 것 같아. 만나서 반가웠어. 좋은 하루 돼!" 하며 유모차를 끌고 유유히 사라졌다. 그녀가 앉아있었던 벤치에서 자신감이 스멀스멀 피어나왔다. '나 이제 영어 하나도 못하는 거 아닌 것 같아. 꽤 많이 이해했잖아? 그래, 원래 해보기 전엔 다 무서운 거지. 처음이 어려운 거야. 용기를 내. 난 잘해나갈 거야.'

금요일 밤, 내 생에 첫 카우치 서핑 호스트인 마누리의 집으로 갔다. 파리 외곽에 위치한 아담하고 깨끗한 오피스텔. '딩동' 하고 벨을 누르자 한 여자가 나와 내게 포옹과 비쥬(프랑스식 볼뽀뽀)를 한다.

"안녕! 나 민희야! 반가워!"

"나는 마누리! 이쪽은 내 예비 남편 얀이야. 저녁 먹으러 베트남 쌀국수집 갈래? 내가 좋아하는 곳 있어."

"좋지!"

구석에 짐을 내려두곤 지하철로 향했다. 우린 오랜만에 만난 친구처럼 금세 재잘거리며 웃음을 나눴다. 걱정했던 시간이 민망할 정도로 함께하는 시간이 자연스럽게 흘러갔다.

쌀국수를 먹으러 가는 중이지만 사실 베트남 쌀국수를 별로 좋아하는 편은 아니다. 그 속에 들어있는 고수의 알 수 없는 향이 세제를 먹고 있는 것 같은 느낌을 주기 때문에. 게다가 시차 적응도 되지 않아 눈꺼풀이 자꾸만 감기려 해 필사적으로 허벅지를 꼬집었다. 첫 만남에 '별로인 서퍼(게스트)'가 되고 싶진 않으니 마누리에게 맞춰주고 싶었다.

지하철을 타고 시내로 나가 사람이 바글바글한 쌀국수집에 들어왔다. 마누리는 능숙하게 주문을 한 뒤 정말 맛있을 거라며 호언장담을 했다. 오래 지나지 않아 주문한 쌀국수와 베트남식 만두인 짜조가 테이블 위에 차려졌다. 생긴 건 여느 때 봐왔던 쌀국수와 비슷했지만 쌀국수 속의 고수를 골라내고 나니 국물 맛이 꽤 괜찮다.

"혹시 노트르담 성당 가봤어? 안 갔으면 가자. 거기 엄청 예뻐."

쌀국수를 거의 다 먹어가는 내게 마누리가 말했다.

"그래! 가보고 싶었던 곳인데 좋지!"

식사를 모두 마친 후 마누리의 손에 이끌려 어딘지 모를 골목길을 이리저리 걸었다. 졸렸던 눈도 점점 동그랗게 변한다. 벽돌이 울퉁불퉁 박혀있는 공간 위 남색 하늘이 떠 있다. 파리의 여름 밤하늘은 참 밝네. 그다지 유명하지 않은 보통의 길거리인 것 같은데 왜 이렇게 두근거리지? 맘이 자꾸만 떨린다. 아무런 감흥도 들지 않았던 낮과 확실히 다른 분위기였다. 이리저리 굴러가던 내 눈동자는 마누리의 말에 한데 멈췄다.

"여기가 노트르담 성당이야! 센강도 예쁘지?"

마누리가 가리킨 손가락 끝에는 한눈에 담기지 않는 거대한 성당과 센강이 흘렀다. 센강은 별빛처럼 노랗고 반짝거리는 빛과 함께 잔잔히 이동했다. 거리의 악사들이 연주하는 재즈 덕분인지, 노란색 조명 덕분인지, 보랏빛 필터를 입힌 영화 속 장면에 들어온 것만 같았다. 환하게 빛나는 남색의 밤하늘과 적당히 선선한 바람이 부는 기분 좋은 온도, 사랑을 속삭이는 커플들.

"와! 그러게 진짜 멋지다."

아프리카의 야경이 신이 만든 거라면, 이곳의 야경을 사람이 만들어냈네. 파리, 정말 낭만적인 곳이구나. 로맨틱하지 않을 수 없는 곳이었어. 내게 팔짱을 낀 마누리에게 고마워졌다. 이 좋은 시간에, 좋은 곳에 함께 있을 수 있어서 다행이야.

집으로 온 우리는 더 늦은 밤, 새벽, 동이 트는지도 모르고 어설픈 영어로 밤을 지새웠다.

✦

히치하이킹

1.

프랑스 파리부터 독일 프랑크푸르트까지 히치하이킹을 하기 위해 파리의 가장 외곽으로 트램을 타고 나왔다. 독일로 향하는 큰 도로 앞에서 머리 위로 팔을 쭉 뻗어 '독일, 프랑크푸르트, A4(도로명)'가 적힌 종이를 펼쳤다.

'아, 창피해.' 운전자들은 저마다 창문을 내리고 내 얼굴과 종이를 번갈아 본다. 나는 최대한 안전한 사람임을 알리기 위해 부끄러움을 무릅쓰고 미소를 지었다. 땀을 삘삘 흘리며 서 있는데 한 트럭 운전사가 내게 소리쳤다.

"태워줄게!"

그는 파리로 돌아가야 해 독일 방향으로 갈 순 없지만, 주유소라면 좀 더 수월할 거라며 근처 주유소에 내려줬다. 또다시 종이를 들고 있기를 한 시간, 어색하게 종이를 들고 있는 내게 한 택시 아저씨가 다가온다.

"저 돈 없어서 택시 못 타요."

쭈뼛거리며 말하는 내게 아저씨는 고개를 저으며 얘기했다.

"괜찮아. 나 집에 가. 너 휴게소에서 내려줄게."

택시 아저씨는 영어를 잘하지 못하셨지만 우리는 짧은 단어와 손짓으로 대화를 나눌 수 있었다. 그의 딸은 나와 비슷한 또래라 했다. 내가 독일까지 갈 수 있을지는 모르겠지만 멋지다며 연신 엄지손가락을 치켜세웠다.

고속도로 위 휴게소에는 주유소보다 훨씬 많은 차들이 있다. 여기서도 가만히 종이만 들고 서 있으면 오늘 안에 독일로 갈 수 없을 것 같은 불길한 예감이 든다. 적극적으로 나서야겠어. 한 손에 지도를 켜고 안전해 보이는 가족, 커플들에게 말을 걸기 시작했다.

"안녕하세요? 독일 가세요? 가는 길이라면 저를 태워주실 수 있나요?"

대부분의 사람들이 "죄송해요."라며 거절했다. 거절하고 또 거절했다. 계속 거절을 당하니 부끄러움도 면역이 생기나 보다. 나는 조금 더 자신감 있는 얼굴로 사랑스러운 여자아이 둘과 함께 있는 부부에게로 다가갔다.

"안녕하세요. 혹시 독일에 가시나요?"

"독일엔 가지 않지만 국경 근처까진 갈 거예요."

"아, 저는 여행을 하고 있는 사람인데, 혹시 괜찮으시다면 거기까지만 태워주실 수 있나요? 어려우시다면 괜찮아요!"

부부는 뒤돌아 서로 얘기를 나누더니 나를 보고 말했다.

"밥 먹고 한 시간 뒤에 출발할 건데 그래도 괜찮다면 태워줄게요."

헉. 됐다! 그녀는 내게 점심을 먹었냐고 묻곤 사양 말고 먹으라며 샌드위치를 건넸다. 그리고는 호기심이 가득한 눈을 반짝이며 내게 물었다.

"여자 혼자 히치하이킹 하는 거 무섭지 않아요? 혹시 나쁜 사람이면 어떻게 해요?"

나는 웃으며 말했다.

"나쁜 사람이세요? 헤헤 장난이고 당신도 내가 어떤 사람인지 모르는데 태워주잖아요. 오늘이 인생에서 첫 히치하이킹인데 좋은 사람들을 만나서 너무 좋아요."

남편은 모로코인, 부인은 체코인이지만 사는 곳은 프랑스고, 서로 대화는 영어로 하는 한국에서 보기 어려운 형태의 가족이었다. 서로에 대한 소개는 이름과 국적 정도만 나눈 뒤, 나의 여행, 앞으로의 일정에 대해, 체코 맥주는 싸고 맛있으니까 꼭 가보라는 별것 아닌 이야길 나누는데 자꾸만 광대가 들썩들썩 위로 솟구친다. 얼마 전까지만 해도 강남 영어 학원에 앉아 되도 않는 문장을 읊조리던 내가 프랑스에서 외국인과, 그것도 처음 보는 사람의 차 안에서 대화를 나누고 있다니, 이렇게나 친절한 사람들을 만나다니, 동화 속 모험을 떠나온 주인공 같아.

해가 뉘엿해질 때쯤 프랑스와 독일의 국경에 다다랐다. 부부는 날 내려주며 당부의 말을 잊지 않았다.

"꼭 프랑크푸르트에 도착하길 바랄게. 혹시 차를 못 구한다면 저쪽에 버스터미널도 있고, 숙소도 있으니까 넌 할 수 있을 거야. 만나서 너무 즐거웠어!"

이후 2번의 히치하이킹을 성공해 밤이 되고 나서야 프랑크푸르트에 도착할 수 있었다.

2.

히치하이킹에 응하는 사람들의 대부분은 '남'에게로부터 도움을 받아본 기억이 있다.

10년 전,
커다란 배낭을 메고 떠났던 당신을 추억하며
운전석의 한 노인을 떠올리며
당신은 나를 태웠다.

몇 년 그리고 몇 십 년 후
지금의 나를 떠올리며
날 도와줬던 당신들을 생각하며
나도 누군가를 태우겠지.

3

✦

워크캠프

독일에 온 목적은 국제 워크캠프에 참가하기 위해서였다. 워크캠프란 다국적 참가자 10~15명의 청년들이 몇 주간 함께 생활하며 봉사 활동과 문화 교류를 하는 유료 프로그램이다. 원래 중동이나 아프리카처럼 낯선 곳에 대한 흥미는 많았지만, 유럽은 별다른 로망이 없었다. 그런 내가 유럽행을 결심한 건 순전히 부모님 때문이었다. 무슨 일이 생겼을 때 해결해줄 수 있는 기관이 있다는 것과 안전한 곳에서 영어 연습을 한다는 좋은 핑곗거리를 댈 수 있었으니 말이다.

부모님의 가장 큰 걱정은 해외에서 내게 무슨 일이 생기면 도움이 될 수 없다는 것이었다. 해서 워크캠프 기관의 주소와 전화번호, 이메일을 적어드리며 적어도 한 달은 매우 안전한 곳에 있을 거고, 그곳에서 친구를 사귀어 여행을 떠날 테니 너무 걱정 말라며 비싼 참가비를 냈다. 사실 내가 선택할 수 있는 기간에 가장 긴 워크캠프는 13박 14일. 2주가 조금 넘는 프로그램이었다. 그중에서 영어가 많이 유창하지 않아도 참가할 수 있는 프로그램을 골라 지원서를 썼고, 독일 베른부르크라는 소도시의 청소년 센터에 머물며 놀이터를 리모델링하는 작업에 참가하게 됐다.

프랑크푸르트부터 히치하이킹으로 4대의 차를 거쳐 베른부르크에 도착했다. 독일, 터키, 러시아 각 두 명, 스페인, 우크라이나, 한국 각 한 명. 총 9명이서 약 2주간을 함께 생활하게 된다. 친해지는 시간을 갖기 위해 둥글게 앉아 자기소개를 했다. 나는 이 중에서 2번째로 연장자이지만 영어를 제일 못하는 편인 것 같다. 아이들이 신 나게 떠드는 걸 알아듣기에 급급하다. 영어를 잘하지 못하는 편인 터키, 러시아 친구들은 원래 친구인지라 서로의 언어로 도울 수 있지만, 난 혼자서 이해하려니 답답하고 어렵다.

온종일 언어가 통하지 않는 곳에서 함께 어울리는 일은 생각보다 힘들었다. 히치하이킹이나 카우치 서핑을 할 때는 나와 당신, 우리 둘만의 대화였기에 수준에 맞춰 천천히 대화를 나눌 수 있었지만, 나를 전담하는 사람이 없는 그룹 내에서 영어에 익숙하지 않은 건 귀와 입을 잃어버린 느낌이었다.

열여덟(우리나라 나이로는 열아홉) 기제가 내 어눌한 말투를 따라 할 때면 왠지 모르게 주눅이 든다. 나뿐 아니라 모든 이에게 장난치는 것을 알고 있는데도 말이다. 쪼그라든 자신감은 함께 이 시간을 나눌 이가 있음에도 불구하고 파리의 에펠탑 앞에서 혼자였던 것보다 더 외롭고 쓸쓸하게 만들었다.

우리 캠프의 일과는 이렇다. 아침 일찍 일어나 간단한 식사를 하고 일터로 나간다. 놀이터의 오래된 벽을 허물고, 새로 쌓고, 잡초를 뽑고, 사포질을 하고, 색을 덧바른다. 모두 제법 진지한 표정으로 전문가처럼 일에 몰두하다가도 쉬는 시간이면 잔디밭에 누워 음악을 커다랗게 켜놓고 흥얼거린다. 그 사이에 센터에 남아있는 점심 팀 2명은 우리가 돌아오기 전 모두의 식사를 준비한다. 오후 2시쯤 맛있게 차려진 점심을 먹고 나서의 오후는

자유 시간. 밀린 낮잠을 자기도 하지만 대개 다 같이 즐기는 활동을 한다. 함께 자전거를 타고 동네를 구경하고, 볼링장이나 수영장에 가기도 하며 센터 아이들과 함께 게임을 하기도 한다.

온종일 같은 일을 하고, 같은 곳을 탐험하고, 같은 음식을 먹는 것의 힘은, 그러니까 온전한 하루를 '공유'하는 힘은 실로 대단했다. 너의 과거에 대해, 어떤 전공을 가졌는지 어디에 사는지 그런 거 시시콜콜 묻지 않아도 우린 함께 어울릴 수 있으니까. 어릴 적 놀이터에서 만난 아이들과 스스럼없이 얼음 땡을 하고 놀았던 것처럼 말이다.

저녁 시간에는 대개 술과 음식을 먹으며 수다를 떨고, 술 게임을 했다. 내 옆에 호리호리한 체형의 우크라이나인 닉이 앉았다. 닉은 영어 발음을 많이 굴리지 않아 알아듣기 더 수월했다. 그는 수다쟁이였다. 쉴 새 없이 떠들기를 좋아했고, 내가 누군가의 이야기를 이해하지 못해 골똘히 고민할 때면 더 쉬운 단어로 이해하기 쉽게 풀어줬다. 러시아어를 할 줄 알았기에 러시아 친구들이 영어를 알아듣지 못할 때면 러시아어로 설명해주기도 했다. 대화하는 목소리가 늘어났다. 웃음소리가, 우리 친구들이 더 늘어났다.

난 카메라가 비출 때,
어느 날이든 맨얼굴에도 당당히 찍히는 애들과 달리
다크서클이 유난히 진하거나 너무 초췌해 보이는 날이면
얼굴을 숨기기에 급급했다.
아이들은 항상 그런 내게 손을 휘휘 저으며 말한다.

"화장해도, 안 해도 예뻐! 둘 다 네 모습이잖아.
난 다 좋으니까 가리지 마! 헤헤."

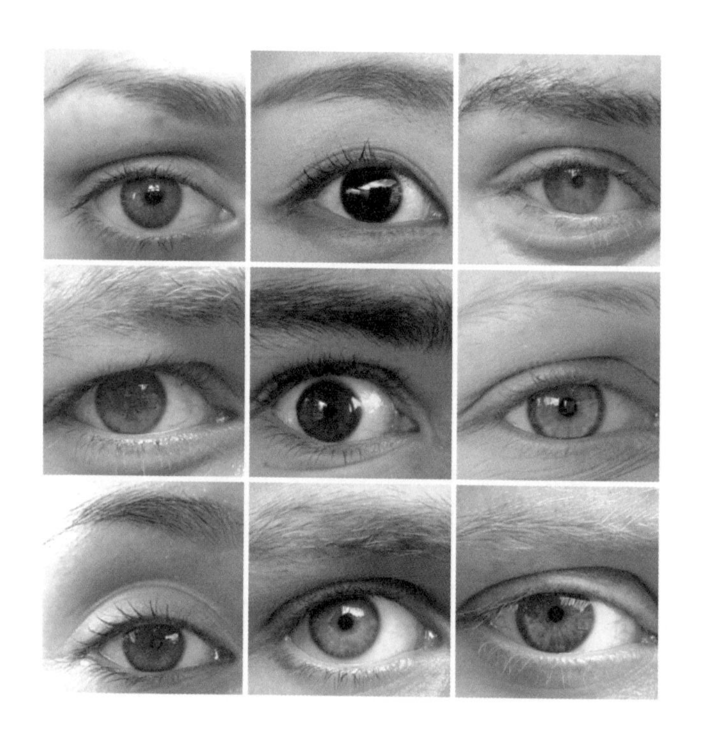

우리 아홉.
몰랐어. 우리가 모두 다른 색의 우주를
가지고 있는 사람이란 걸.
저 멀리에서 빛나는 우주만큼
우리 안의 우주도 곱디곱다.

30
70

✦

베른부르크 달리기

1.

올림픽이 한창이다. 우리나라에 있었다면 일희일비하며 올림픽 소식에 열 올렸겠지만, 이곳 베른부르크에서는 가끔 인터넷 뉴스로만 금메달 소식을 접하고 있다.

오늘은 아기자기한 도시, 여기 베른부르크에서 작은 스포츠 행사가 열려 진행 요원으로 참여했다. 이 행사를 뭐라고 불러야 할까. 맨몸으로 혹은 저마다 다른 크기와 모양의 자전거로, 아이부터 할아버지까지 눈동자 색깔만큼이나 다양한 사람들이 이 거리를 달린다. 수많은 관중도, 피 터지는 경쟁도 없는데 모든 사람은 자신만의 번호를 달고 꽤나 진지한 표정으로 달리고, 달리고, 또 달렸다.

슬픈 패자가 없는, 모두가 행복한 이 달리기가 사랑스럽다. 원한다면 다시 뛸 수 있는 그들의 스포츠가, 텔레비전 속 말고 여기 현실의 올림픽을 즐길 수 있는 여유가, 백발노인이 되어서도 커플티를 입고 자전거를 탈 수 있는 그대들의 사랑이.

2.

"민희, 너는 안 달려?"

이 경기는 원한다면 누구나 참여할 수 있다. 해서 행사 전반의 진행 요원을 맡은 우리에게도 뛸 자격이 주어졌다. 이미 다른 친구들은 한 번씩 뛰어 기록을 가지고 있었지만, 그제 자전거를 타다 굴러 발목을 삐고, 갈비뼈에 살짝 실금이 간 나는 구경만 하고 있었다.

"안나, 나 발목 다쳤잖아. 하고 싶어도 못해. 힝."

조금, 아주 조금 슬픈 표정을 짓는 내게 안나가 제안했다.

"아 맞다. 나 그래서 널 업고 달려볼까 생각했어! 괜찮으면 같이 도전할래? 기제야, 너가 절반까지 민희 업어줘. 내가 나머지 업을게 하하."

"놉. 나 죽는다."

기제가 장난기 가득한 표정으로 거절을 날린다.

"엥, 안나 괜찮겠어? 나 무거운데? 아냐, 그냥 걸어서라도 해볼게!"

"그래. 걸을 수 있는 데까지 걷고, 아프면 꼭 알려줘야 해. 꼭! 꼭!"

나와 안나(독일), 기제(스페인), 크시에니야(러시아)는 명부에 각자의 이름과 주소를 적은 후 출발선에 섰다.

"우리 손잡고 달리자!"

안나의 말에 서로 손을 꼭 잡았다.

"탕!"

총소리와 함께 우리는 뛰기 시작했다. 내 속도에 맞추어 빠르지는 않지만 느리지도 않은 발걸음. 손에 손을 꼭 붙잡고 달리는데 어제 울고 싶었던 그 몸뚱어리가 맞는지 이상하리만큼 아프지 않다. 숨만 턱턱 차오를 뿐이었다. 어느새 구경하는 사람들이 보이기 시작했고, 사회자는 큰 목소리로 우리의 나라 이름을 차례차례 외쳤다.

순서를 기다리는 사람들, 이미 뛰었던 사람들, 그들의 가족, 이웃, 관람하고 있던 많은 사람들이 환호와 박수를 보낸다. 손에 손을 부여잡은 우리는 나란히 결승선을 통과했고, 여기저기서 행복한 미소와 박수가 터져 나왔다. 내가 뭐라고, 우리가 뭐라고 사람들은 자기 일처럼 같이 기뻐하며 박수를 쳤다.

이후에도 꽤 긴 시간 동안 달리기가 이어진 후 시상 및 행운권 추첨 시간이 됐다. 정말 많은 사람들이 메달을 받는다. 귀여운 아이들, 아가와 함께 발맞춰 달렸던 부모님, 할머니, 할아버지 그리고 정말 빨랐던 청년들까지. 이 많은 사람들이 메달을 받는 동안 누구 하나 자리를 뜨지 않고 모두가 한가족인 것처럼 웃고, 축하하고, 행복해한다.

"39번!"

39번? 응? 나잖아? 자전거 타다 다치고 운 더럽게 없는 줄 알았는데 오늘은 운수가 좋은가 보네. 원래 참여할 생각도 없었는데 행운권 추첨에 당첨되다니! 20유로(2만 5천 원)짜리 스포츠용품 상품권과 맥도날드 컵, 자전거 타는 사람 모양의 파스타를 선물로 받았다. 어차피 내일이면 떠나서 이 상품권은 못 쓸 텐데…. 돌려주는 게 맞다 싶어 재추첨을 통해 다른 이에게 전달했다.

사실 진짜 선물은 쓰지 못한 20유로도, 파스타도, 컵도 아닌 우리 워크캠프 아이들 같아. 커다란 사건이 없어도, 동화 같은 이곳에서 같이 자고, 밥을 해먹고, 자전거를 타는 것만으로도 같은 시간 속 행복을 향유하기에 충분했다. 어느새 우린 가까워져 있었다. 누군가 다치면 너나 할 것 없이 먼저 챙기고, 매시간 보는 얼굴임에도 안부를 묻고, 인터넷이 되는 곳에서도 스마트폰을 내려놓고 서로를 바라봤다. 그 많고 많은 나라들, 사람들 중에 베른부르크에서 너흴 만나게 된 건 정말 행운이야. 떠나기 정말 싫다.

STADT BERNBURG
19
124

다시 한자리에서 한꺼번에 모두를 만나기는 어렵겠지만,
같은 하늘 아래 어디서든 지금과 같이
반짝이는 모습으로 사랑스럽게 지냈으면 좋겠어.
예쁜 시간 만들어줘서, 함께해서 고마워.

4

✦

늘 새로웁시다

체코 프라하 카우치 서핑 호스트 이르카는 독특한 사람이다. 그의 커다란 2층 집에는 함께 거주하는 친구만 두 명. 국적도, 나이도 다른 사람들이다. 이르카는 내게도 원한다면 그의 집에서 장기간 지낼 수 있다고 했다. '골고타 하우스'라는 이름을 가진 그의 집에서 묵는 동안 자고 일어나 거실에 나가면 늘 새로운 사람이 내게 인사를 했다.

"Hi! good morning. how are you?"

매일 다른 사람들이 집에 와 술을 마시고, 춤을 추고, 스파를 하고, 수다를 떤다. 그의 직업은 게임 개발자이지만 댄스파티, 요트 여행 등 늘 크고 작은 모임을 기획하며 살고 있었다. 신기한 듯 당신은 대체 뭐 하는 사람이냐는 나의 질문에 그는 대답했다.

"난 새로운 즐거움을 좇는 사람이야."

"우리 집 뒤 공원에서 티페스티벌이 열린대. 같이 가자."라는 이르카의 제안에 집 밖으로 나섰다. 원래 차를 즐기진 않지만 이곳 분위기가 좋아서 그런지 나도 모르게 피식 웃음이 새어나온다. 잔디밭에 앉아 차를 제조하는 이를 바라보고, 기다리다 한 잔을 받는다. 이름도 생소한 차의 새로운 향을 맡으며 천천히 음미해본다.

'아, 쓰다.'

평소 즐기지 않는 것을 접하고 배워가는 과정은 지루하지만, 그 무언가를 비로소 내 것으로 만들었을 때 누릴 수 있는 즐거움의 종류가 많아진다. 처음 와인을 접했을 때, 양고기를 접했을 때, 난 와인과 양고기 둘 모두를 좋아하지 않았지만 계속되는 여행에 그것들과 마주할 기회가 늘어갔고, 어느 순간부턴 자주 즐기는 음료와 음식이 되었다.

'나는 와인과 양고기가 좋아. 지금부터 차를 마시기 시작하면

몇 년 뒤엔 차도 좋아하는 사람이 되겠지?'

어렸을 때부터 아빠가 했던 말이 떠올랐다.

"민희야, 고기도 먹어본 놈이 먹는 거야. 안 좋아해도 이것저것 먹어봐야지."

그래, 입맛이라는 취향을 만드는 것도 꾸준한 노력이 필요한 거였어. 익숙함에 안주해버리면 새로운 재미와 경험을 절대 만날 수 없지. 늘 새로웁시다. 한국에 돌아가서도 주기적으로 새로운 일에 도전할 수 있는 내가 되도록 약속해!

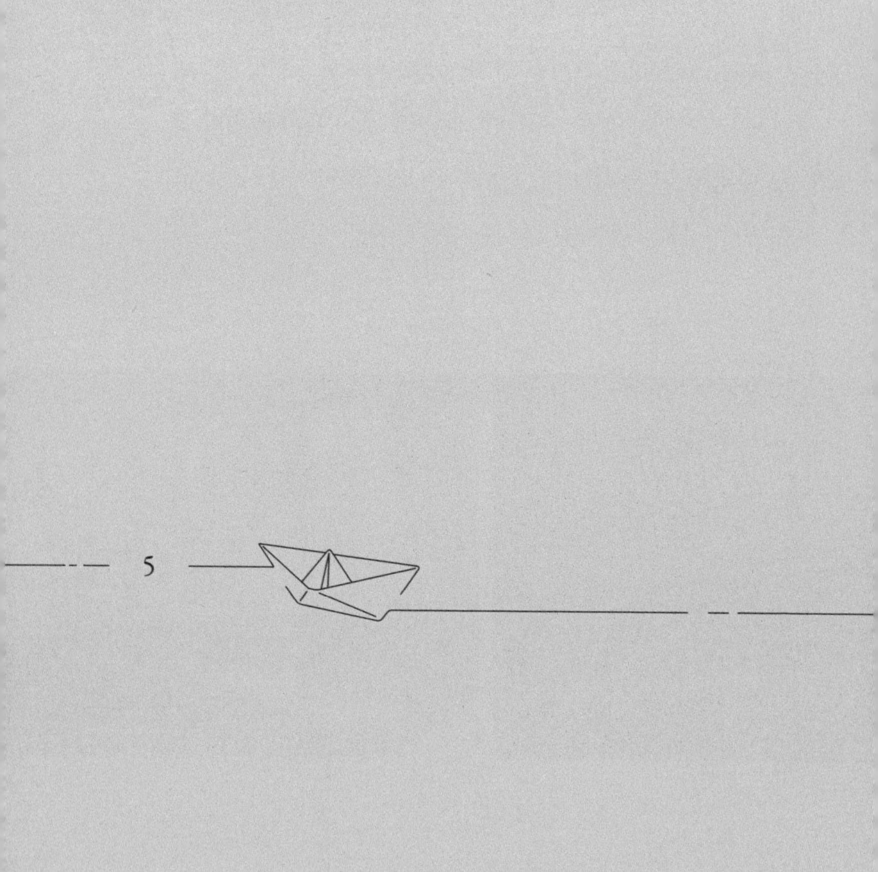

5

✦
누군가의 인생에 영향을 끼친다는 것

부다페스트의 아름다운 야경을 보며 떠올랐던 생각은 황홀한 기분도, 보고픈 가족도 아닌 유리 언니와 준기 오빠였다.

깜깜한 밤, 샛노란 불빛을 뿜어내는 부다페스트의 국회 의사당은 환하게 빛난다. 이곳에서 만난 한 여행자가 말했다.

"이번 여행의 목표 중 하나는 '여행에 미치다'에 제 사진이 소개되는 거예요."

그의 눈동자도 빛이 난다. 나는 일렁였다. 저기 노란빛이 흐르는 저 강물처럼 일렁였다. '여행에 미치다'는 준기 오빠가 만든 페이스북 페이지였다.

지나가는 두 명의 여자가 말한다.

"여기가 그 청춘유리 사진 포인트인가 봐. 나 좀 찍어봐 봐."

재잘거리는 대화를 들어보니 유리 언니의 부다페스트 사진을 좋아하는 게 틀림없다. 일렁이는 마음이 두근거림으로 바뀐다. 쿵쿵. 심장이 쿵쿵 뛴다. 처음 보는 사람들의 입에서 나온 낯익은 이름에 왜 내가 설레는 걸까.

아, 유리 언니, 언니 인생 어떻게든 성공했어 정말. 준기 오빠도. 갑자기 그들이 다가가기 어려운 큰 사람처럼 느껴졌다. '성공'이라는 기준이란 게 모두 다른 거 아는데, 그냥 그들의 인생이 여기 이 아름다운 풍경보다 더 반짝반짝 빛나 보였다. 내 마음이 대신 벅차졌다. 누군가가 원하는 것을 만들어 내다니. 타인의 삶에 영향을 미치는 사람이라니, 멋지다. 뿌듯해.

사실 너도, 나도, 우리도 누군가의 인생에 영향을 끼치고 있을 거야. 좋게든 나쁘게든 말이야. 너는 내가 닮고 싶은 사람이기도, 아니기도 해. 너를 통해 변한 내 모습은 또다시 너에게로 가닮고 싶기도, 절대 닮고 싶지 않기도 하겠지. 그렇게 불완전한 우리는 서로에게 영향을 끼치며 커간다. 그래서 나는, 미래의 나는, 다른 누군가에게 어떤 영향을 끼치는 사람일까.

6

✦

우크라이나에
내 방이 생겼다

독일 워크캠프에서 헤어지던 날, 닉이 내게 준 편지 말미에는 이렇게 적혀 있었다.

"우크라이나에 온다면 내가 네 카우치 서핑 호스트가 되어줄게. 꼭 와!"

여기까지 온 김에 다양한 유럽 국가를 구경할까 싶었지만 유럽은 그다지 내 취향이 아니었고, 독일에서 다친 갈비뼈와 발목이 욱신거려 휴식이 필요했다.

"좋아. 나 꼭 네 동네에 놀러 갈게!"

여행 중에 만났던 친구를 다시 만난다니 설레라.

닉의 집은 넓은 마당에 까맣고 커다란 개가 있는 이층집이다. 일층에는 부엌과 거실, 이층엔 닉과 동생 마이크, 부모님의 방하고도 하나의 방이 더 있었다. 그의 가족은 내게 흔쾌히 공간을 내주었고, 그곳에서 난 몸이 아무는 동안 머물기로 했다. 우크라이나에 내 방이 생겼다.

햇살이 커튼 사이의 틈을 비집고 들어올 때쯤 닭은 "꼬끼오~" 하고 큰 목소리로 운다. '조금만 더' 하며 이불 속을 부스럭거릴 때 "똑똑" 하는 노크 소리에 문이 열린다.

"잘 잤어? 엄마가 아침밥 먹으래."

하루는 닉이, 하루는 마이크가, 다른 하루는 어머니께서 노크를 하곤 했다. 식탁 위에는 항상 고기반찬이 있었다. 넌 항상 고기를 먹느냐는 나의 물음에 닉과 마이크는 그건 아닌데 내가 잘 먹는 모습이 보기 좋아 엄마가 매일 요리를 하시는 것 같다는 답을 줬다.

"야 루블류 디스!"

나는 감자와 보르쉬를(소고기뭇국 같은 가정식) 가리키곤 엄지를 척 내밀었다. 어머니는 "호호" 웃었다. 영어와 혼합해서 쓰긴 했지

만 우크라이나어로 '난 이것을 사랑해요'라는 뜻이었다.

종종 가족 모임을 가졌다. 친척들이 모두 모인 자리에서 함께 식사를 즐기고, 대화를 나눴다. 동네엔 닉의 사촌들부터 어릴 적 친구들까지, 유년 시절을 함께 나고 자란 사람들이 많았다. 해서 우린 매일같이 모여 웃고, 떠들고, 춤을 췄다. 늦게까지 술을 마시고 집으로 돌아온 날이면 행여 부모님이 깰까 나와 닉, 마이크는 숨을 죽여 후다닥 제 방으로 들어가곤 했다.

가운데에 불을 피우고 둥그렇게 앉아
한 잔씩 기울이다 털푸덕 눕고는 별을 안주 삼아
"발이 따뜻해. 아 취한다.
아까 재 춤추는 거 봤냐? 완전 웃겨."
하는 전혀 생산적이지 않은 이야기들을 나눴다.

시간이 흘러 우크라이나를 추억하게 된다면
어떠한 장소보다도 너희의 이름이 먼저 떠오를 것 같아.

여행지에서의 좋은 기억은 풍경에서만 오지 않아.
때로는 그곳에 함께 있던 사람에게서
더 진하고, 거대하게 풍겨오니까.

✦

이토록
보통의

"파샤 기억나? 저번에 같이 통화했던 미국에 있던 내 친구, 이번 주에 돌아오는데 같이 놀래?"

"좋지! 우크라이나 물가가 더 싸서 걔 돈 많이 벌었겠다."

"맞아. 내 친구들은 유럽이나 미국으로 이민 가고 싶어 해. 여기 월급이 훨씬 낮아서 나가면 돈도 더 많이 벌 수 있거든. EU에 속하지 않아서 어렵긴 하지만."

"부모님 세대도 이민 가고 싶어 해?"

"아니. 그냥 여기서 살고 싶어 하는 것 같아. 뭐, 옛날엔 먹고살기 어려웠고, 지금은 좀 괜찮잖아. 그래서 우리 세대가 이민 가고 싶어 하나 봐."

"맞아. 우리나라도 그런 것 같아. 나도 내 돈으로 여행하는 거지만 부모님 없었으면 여기 못 왔을 거야."

문득 떠나오기 전, 부모님과 나눴던 대화가 생각났다.

"엄마, 아빠, 나 해외에 가려고. 한 1년 정도만 가서 여행하면서 영어도 많이 써보고, 그러고 다시 돌아오고 싶어. 나중 되면 가기 더 어려울 것 같아."

내 이야길 들은 아빠는 굳은 표정으로 입을 뗐다.

"말 안 해서 그렇지, 너 저번에 이집트 여행 갔을 때 네 엄마랑 아빠랑 얼마나 걱정한지 알아? 뉴스에 나올 때마다 철렁한다고. 아빠도 하고 싶은 것 많았어. 원래 하고 싶은 거만 하고 살 순 없는 거야."

덤덤한 그의 말투에 그래도 난 할 수 있는 건 다 해보고 싶다며 볼멘소리를 하곤 거실로 나왔다.

나를 따라 나온 엄마는 아빠에게 들릴까 작은 목소리로 내게 말했다.

"그래도 엄만 우리 딸이 하고 싶은 거 다 하고 살았으면 좋겠어. 엄마처럼 말고, 다 누리고 살았으면 좋겠어. 엄마도, 아빠도 네가 걱정 돼서 싫어하는 거야. 가고 싶으면 아빠 조금만 설득해서 가. 엄만 괜찮아."

엄마가 준 용기 한 스푼에 난 '내가 원하는 인생'을 택했고, 아빠도 못 이기는 척 내 손을 들어줬다.

겨울이 올 즈음, 내가 중학생이었겠다. 아빠가 하던 사업이 망했다. 집이 조금 기울었다. 아빠는 부양해야 할 우리가 있었기에 사업을 크게 벌이지 않았었고, 그 덕분에 다행히도 집 안에 빨간 딱지가 붙는 드라마 속의 일은 일어나지 않았다. 반지하에서 시작한 그들의 신혼을 생각한다면 지상으로 올라와 번듯한 아파트에 살고 있었으니, 망했다기보다는 좀 더 잘살기 위한 여러 가지 시도 중 하나였을 거다. 그 무렵의 난 놀림을 받는 학생이었고, 엄마와 아빠는 우릴 기르기 위해 고군분투했던 젊은 날이었다. 모두에게 힘들었던 시절이었다.

우리 동네는 경기도 서쪽, 시골이라 부른다면 조금은 인정할 수 있는, 그런 한적한 곳이었다. 버스 정류장에서 15분, 어떤 노선은 40분을 기다려야 버스를 탈 수 있는 그런 조용한 동네. 엄만 나와 동생이 스스로 집에서 생활을 할 수 있을 때쯤부터 공장에 나가셨다. 새벽 어스름이 채 가시기도 전, 아침이라 부르기엔 너무 어둑한 시각에 나가 하루가 가고 다시 깜깜한 밤이 돌아올 쯤 집에 오셨다. 아빠의 출퇴근 시간도 엇비슷했다.

초등학생인 동생과 중학생인 나는 너무 어렸다. 엄마와 아빠는 그래도 되는 줄 알았다. 그래야 하는 줄 알았다. 어른이라면 당연히 이른 아침부터 밤까지 직장에 나가 일을 하는 거라고 그렇게 생각했다. 엄만 항상 같은 옷을 입었다. 언제 샀는지도 모를 엄마의 오래된 옷을 보며 나도 내 친구들처럼 예쁜 옷을 입고 싶다고, 요즘은 촌스러운 옷을 입어도 놀림 받는다며, 새 옷을 사 달라 떼를 부릴 수 없었다. 그래도 텔레비전에 나오는 엄청 힘들고 가난한 사람들처럼 집이 없거나 밥을 굶는 일은 없으니까 많이 슬프진 않았다. 평범한 사람들은 다들 이렇게 아끼며 사는 거겠지 싶었다.

그해 겨울은 유난히 길게 느껴졌다. 여느 날과 다를 바 없이 추운 날, 엄마가 아픈 것 같다고 했다. 직장에서 간단한 건강 검진을 했는데 큰 병원에 가봐야 한다고 그랬다.

"엄마 괜찮아?"

나와 동생의 물음에 엄만 고개를 끄덕이며 "그럼~"이라고 대답했다. 엄만 정밀 건강 검진 비용이 아깝다며 검사를 미뤘고, 여전히 꼭두새벽에 출근을 했다. 휘몰아치는 눈발 속에서도 꿋꿋이 이삼십 분을 더 기다려 한 번에 집에 오는 버스를 탔다. 환

승 시스템이 없었으니까, 1회 버스비 천 원 정도의 돈을 아끼기 위해 말이다. 내 주머니 속엔 항상 엄마가 기다린 한 시간이 있었지만, 친구들이 닭꼬치를 사 먹을 때도 그 추위가 떠올라 배가 고프지 않다며 사 먹을 수 없었다.

안방 침대 위에 펼쳐져 있는 가계부를 봤다. 평소 적혀있던 숫자들과 다른 문장이 적혀있었다.

"열심히 살았는데 내게 왜 이런 시련을 주는 건가요."

갑자기 겁이 났다. 무슨 뜻인지 알 것 같아 무서워 집 밖을 나가 서성이다 추워 다시 집으로 들어갔다. 거실엔 불이 켜져 있지 않아 깜깜했고, 엄마가 소파 구석에 앉아 울고 있었다. 그렇게 우는 엄마는 처음이었다. 웃거나 화내거나 하는 커다란 어른이 아니라 나처럼 엉엉 우는 아이가 있었다. 나와 엄만 아무 말도 하지 않고 서로를 부둥켜안은 채 한참 동안 울었다.

닉의 어머니께서 식탁에 주스를 올려놓으시곤 온화한 미소를 지으신다.

"야꾸요!"

난 우크라이나어로 감사하다고 했다. 영어를 전혀 하지 못하는 그녀 앞에서 나와 닉은 영어로 대화를 이어갔다.

"너도 다른 나라에서 살고 싶어?"

내 물음에 그가 대답했다.

"다른 나라에 살고 싶기도 한데, 지금은 잘 모르겠어. 내가 어디에 살던 부모님은 괜찮다고 하실 거야. 좀 지루하긴 하지만 지금처럼 살아도 괜찮고, 다른 나라에 살아도 재밌을 것 같고. 나중에 결정하지 뭐."

우리의 대화는 여느 보통의 사람과 다르지 않았다. 당장 오늘의 식사, 오늘의 잠자리에 대한 고민 따위는 없는 평범한 대화. 어떻게 사는 게 더 즐겁고 더 나을지에 대한 생각. 어느 나라든 우리 부모님들의 삶은 비슷하겠구나 싶었다. 우리가 이토록 '평범'하게 살기 위해, 더 나은 미래를 꿈꿀 수 있는 환경이 만들어지기까지 얼마나 많은 노력이 갈려있는 걸까. 나는 닉에게 말했다.

"우리 좋은 가족을 가지고 있는 것 같아."

닉도 내게 말했다.

"나도 그렇게 생각해."

나는 나로 태어나서 다행이야.

우리 엄마, 우리 아빠 딸로 태어나서 다행이야.

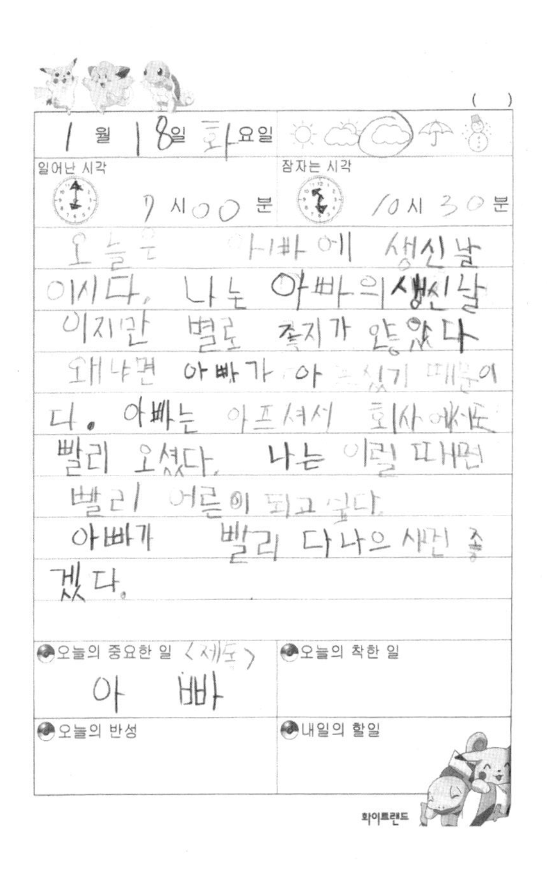

( )

1 월 18일 화 요일

일어난 시각 7 시 00 분

잠자는 시각 10 시 30 분

오늘은 아빠에 생신날
이시다. 나는 아빠의 생신날
이지만 별로 좋지가 않았다
왜냐면 아빠가 아프시기 때문이
다. 아빠는 아프셔서 회사에서도
빨리 오셨다. 나는 이럴 때마면
빨리 어른이 되고 싶다.
아빠가 빨리 다 나으시면 좋
겠다.

오늘의 중요한 일 <제목>

아 빠

오늘의 착한 일

오늘의 반성

내일의 할일

화이트랜드

✦

그냥 나라서

리비우에서 한 달가량을 여행했다. 아니, 여행했다는 표현보다는 살았다는 표현이 맞겠다. 이 집의 딸로 지낸 한 달이 익숙해서 이곳을 떠난다는 게 실감이 나질 않는다. 닉의 어머니께 조그만 선물을 드렸다. 가난한 여행자라는 이유로 아무것도 주지 않고 떠난다면 언제 다시 만날 수 있을지 모르는 그녀의 얼굴이 자꾸만 떠오를 것 같아서. 어머닌 예상대로 손사래를 치며 받지 않겠다고 했지만 나와 닉의 성화에 못 이기는 척 받곤 고맙다는 미소를 띠었다.

계절은 어느덧 겨울의 문을 두드렸고, 내가 가진 여름·가을옷으로 보호할 수 없을 만큼 찬바람이 치댔다. 눈 깜빡하니 여름이 가버렸다. 조지아로 떠날 내게 어머니는 긴소매 목티를, 닉은 후드 집업을, 안나는 스키니진을 줬다. 괜찮다는 만류에도 정말 입지 않는 옷이니 여행 중에 필요 없어지면 그냥 버려도 된다며 옷을 건넸다.

'옷이 따뜻해. 차가운 바람도 막아낼 수 있을 것 같아.'

"나도 키예프 따라가려고."

리비우를 떠나기 하루 전, 닉은 우크라이나말도 러시아말도 잘하지 못하는 내가 걱정된다며 생에 처음으로 키예프에 가기로 했다. 고작 날 배웅하자고 한두 시간도 아닌 왕복 열여섯 시간이나 떨어진 곳에 가다니. 내가 애도 아니고 뭐가 그리 걱정되는지, 정이 많은 그라서 오히려 내가 더 걱정된다.

매일을 함께했던 친구들과 작별 인사를 나눈 뒤, 기차역에 왔다. 어머니와 아버지는 야간 기차가 떠나는 그 순간까지 손을 흔들었다. 내가 뭐라고 이렇게 친딸처럼 대해 주시는 건지, 다들 왜 이리 잘해 주는지, 나는 이 많은 것들을 받아도 되는 건지, 울렁거리는 마음과 함께 기차는 출발했다. 기차 안은 날씨만큼이나 쌀쌀했다. 몸을 웅크렸다. 공기는 차가운 게 분명한데 뜨거움이 울컥하고 목까지 차올랐다.

쌀쌀한 밤이 지나고 비 오는 키예프의 아침에 도착해 구석구석을 걸었다. 시간은 쏜살같이 지나갔다. 생각해보면 언제나 그랬던 것 같다. 책상에 앉아 하기 싫은 공부를 할 땐 1분도 더디게 기어갔던 시간이 재밌는 드라마를 볼 때면, 맛있는 음식과 함께 수다를 떨 때면, 순식간에 사라지곤 했다. 행복한 시간은 늘 나를 기다려주지 않고 제 혼자 뛰어가기에 바쁘다. 정말 밉게도. 평소라면 이 행복한 시간 뒤에 또 다른 행복함이 기다리고 있을 거야 하겠지만 우리에겐 예정된 슬픔의 시간이 존재했다. 새로운 곳으로 가기 위해선 지금 발을 내딛은 곳을 떠나야 한다는 당위가 수반되어야 하니까.

닉은 지구같이 푸른 눈동자를 반짝이며 말했다.

"네 덕분에 지루했던 일상이 특별했어. 함께한 모든 시간이 소중하고 감사해. 너는 내게 친구이고, 누나이며, 엄마였어. 나에게 많은 의미의 사람이야. 보고 싶을 거야."

왜 닉은, 그의 가족은, 여태 만난 사람들은, 내게 이리도 애정을 쏟아주는 걸까. 나는 정말 아무것도 아닌데, 네게 도움도 주지 못하는 사람인데.

"왜 나한테 이렇게 잘해주는 거야?"

울먹이며 묻는 질문에 닉은 간결하게 대답했다.

"친구잖아."

조지아로 떠나는 작은 공항 안, 비행기가 뜨기를 기다리는 그 시간 동안 나와 닉은 유리벽을 두고 소중한 인형을 잃어버린 아이처럼 하염없이 울었다. 운다고 떠나지 않는 것은 아니지만 눈물을 멈추는 방법이 생각나지 않았다. 내가 받은 게 너무 많아서, 촘촘하게 쌓아올린 마음들이 너무나 커져 버려서, 고마워서, 미안해서, 보고 싶어서.

✦

I love you

야 루블류 톄베.

만 토 라 두스따람.

아이 러브 유.

나는 너를 사랑해.

그 나라의 언어를 배울 수 있다면

항상 묻곤 했던 말이에요.

'너'만 다른 단어로 바꾼다면

어디에도 기분 좋게 응용할 수 있지요.

나는 이 음식을 사랑해.

나는 저 하늘을 사랑해.

나는 이 거리를 사랑해.

말에는 마법이 걸려 있어서

뱉을수록 그런 맘이 들어요.

사랑하나 보다.

내가 여길 많이 사랑하나 보다.

나는 이곳을 사랑해.

7

✦

SD카드

오랜만에 호스텔을 찾았다. 두 개의 방에 각 8개의 침대가 있는 전형적인 게스트 하우스. 침대를 잡고 짐을 풀고 있는데 한 남자가 들어오자마자 악수를 건넨다.

"안녕! 난 다니엘, 폴란드 사람이야."

방 안의 사람들은 당연하게 인사와 소개를 시작했다. 다니엘부터 인도인 보니, 자펠, 티지, 옆방 러시아 사람들 넷, 그리고 나. 러시아 사람들은 영어를 하지 못했지만 다니엘의 통역으로 대화를 나눌 수 있었다.

"얘네가 조지아 술인 차차가 있대. 같이 마시자는데?"

다니엘의 말에 인도 친구들은 와인도 있다며 거들었고, 눈앞의 산들을 안주 삼아 오들오들 떨며 술을 마셨다. 별것 아닌 이야기에도 흥이 났다.

다음날 "우리 택시 빌려서 그벨레티 갈 건데 같이 갈래?"라는 인도 친구들의 말에 아무 생각 없이 "그래!" 하고는 "다니엘, 너도 가?" 하고 물었다. 그는 당연하다는 듯 대답했다.

"당연하지!"

"다니엘, 근데 우리 지금 어디 가는지 알아?"

"아니. 몰라."

"뭐야. 너도 어딘지 모르고 가는 거야?"

"재밌잖아. 모험이야말로 진정한 여행이지!"

목적지 모를 택시가 향하는 길, 창밖의 모든 풍경이 그림 같다. 하늘 높은 줄 모르고 솟아있는 산 아래에 있자니 개미가 된 것 같아. 어제의 짓궂은 날씨는 온데간데없이 사라지고 너무 파래서 눈이 시린 하늘이 자리를 대신하고 있다. 빠르게 날아가는 구름, 재잘거리는 새의 소리, 따뜻한 햇살과 차가운 공기. "어제는 실패했지만 오늘은 인생 사진을 건질 거야!" 하며 사진을 찍는데 내 눈앞의 풍경이 절반도 담기지 않는다.

"눈으로 볼 땐 진짜 멋있는데 왜 사진으로는 안 담길까?"

뾰로통해진 나에게 다니엘이 호탕하게 웃으며 말했다.

"SD카드 말고 네 머릿속에 담아."

내가 좋아하는 나라들은 왜 한국에서 별로 유명하지 않을까 싶었는데 사진이 실물을 담지 못해서 그런가 봐. 실물보다 예쁜 여행 사진이랑 다르게 이 거대한 자연은 사진 속에 온전히 담을 수 없어서, SD카드 말고 우리 머릿속에 저장돼 있어서 그런가 보다.

이게 자연 그대로의 날 것인가 봐. 눈인지, 비인지
알 수 없는 것들이 휘몰아치던 미운 날씨였지만,
비록 구름도 거하게 꼈지만, 충분히 압도당했다.

갈색 같기도, 초록색 같기도 한 옷을 입고,
하얀 눈 모자를 쓴 거대한 산들. 그리고 장난감 같은 집들.
그 위에 있는 난 올림포스의 주인이 되어
인간 세계를 엿보고 있는 것 같아.
한눈에 담기지 않는 광대함을 사진으로도 담을 수 없어 아쉬워라.

다니엘은 이란에서부터 폴란드까지
카우치 서핑과 히치하이킹으로 여행을 다니는 친구였다.
이란에서 히치하이킹은 위험하지 않느냐는 내 질문에
그는 이렇게 말했다.
"멋있잖아. 이게 진짜 여행이지."

"다니엘, 어제 호스텔에서 한국인 여행자가
조지아에서 히치하이킹 어렵지 않냐고 물어보던데?"
"아냐, 되게 쉬워."

이 길에 서 있은 지 3분이나 되었을까,
"저 차야!"라는 다니엘의 말에 우리는 엄지를 척 들었고,
거짓말처럼 우리 앞에 차가 딱 섰다.
그는 나를 쳐다보며 씩 웃었다.
"봤어? 쉽지?"

그러게, 30분을 기다렸던 나의 첫 히치하이킹과 다르게 3분이라니.
고수는 뭔가 달랐다. 다니엘은 서쪽 도시인 바투미로 가기 위해
중간에서 내리고 난 그대로 트빌리시로 향했다.

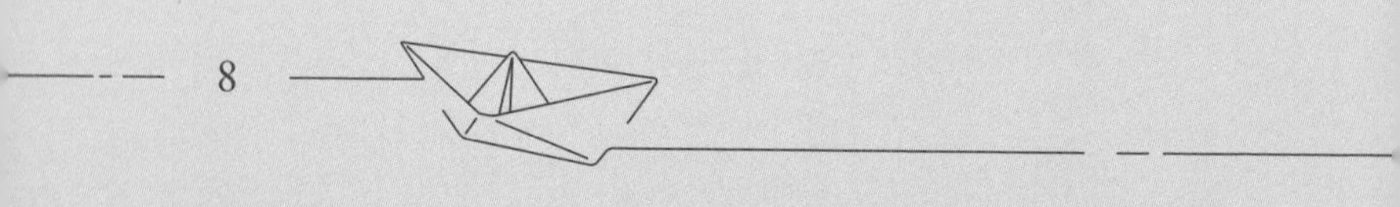
8

✦
안녕, 이란

26시간을 달려갈 조지아-이란행 버스에 몸을 실었다. 버스 안의 승객이 적어서인지, 이 나라의 분위기가 원래 이런 것인지, 서로 인사를 나누고 아무렇지 않은 듯 대화를 나눈다. 대부분 조지아에서의 휴가를 마치고 집으로 돌아가는 이란인이었다.

사람들은 버스가 휴게소에 멈출 때마다 내 손에 먹거리를 쥐여줬다. 혼자 아무것도 사 먹지 않는 내가 안쓰러워 보였는지 말이다. 손사래를 치며 거절 의사를 밝혔지만 말도 잘 통하지 않는 아저씨, 아줌마들은 짧은 영어를 총동원해 얼른 먹으라고 하셨다. 버스 안의 따뜻한 마음들 덕분에 훈훈해져 국경 검문소에서, 휴게소에서 만나는 이름 모를 다른 버스 사람들에게 먼저 인사를 건넸다.

"안녕! 오늘 날씨가 참 좋네요!"

어두운 밤 터키 어딘가의 휴게소에서 세 명의 사람을 다시 만났다. 이란인인 모흐센, 칠레인 커플인 게티와 카밀로. 하루 동안 몇 번이나 본 이 친구들을 내 버스에서 눈을 감고 뜨니 또 만났다. 새벽에 터키와 이란 국경에서 버스가 합쳐졌다고 했다. "우연이 반복되면 인연이라던데, 우리 참 많이도 본다" 하며 꺄르르 웃었다. 지루한 버스 안에서 언어가 통하는 사람이 있다는 건 시간을 좀 더 빠르게 보낼 수 있는 좋은 일이었다.

창밖을 바라보다가 수다를 떨었다가 잠을 청했다가 하는 사이 마침내 긴긴 이동의 시간을 지나 목적지인 테헤란에 도착했다.

"이란에서 무슨 문제 생기면 꼭 연락해. 도와줄게. 그리고 언제든지 우리 집에 놀러 와도 돼!"

영어를 할 줄 아는 모흐센은 물론, 영어를 할 줄 모르는 이란 사람들도 내게 연락처를 건네며 초대했고, 날 도와주겠노라고 입을 모았다.

이란 여행을 오기 전 이해가 가지 않았던 미경이의 말이 내 눈앞에 벌어지고 있는 것이었다.

"어떻게 현지인들한테 초대받고 친구를 사귀는 거야? 나 카우치 서핑 호스트 못 구해서 길바닥에서 자면 어떻게 하지?"

"걱정 말아요 언니. 이란 가면 다 초대받고 다 잘 될 거예요!"

"아니, 무슨 수로 모르는 사람들한테 초대를 받는다는 거야?" 했는데 저녁을 사주셨던 버스 기사님부터 승객들까지 이란 사람들은 하나같이 천사인 모양이다. 단순히 외국인이라 신기하다는 이유 때문이더라도 생판 남인 내게 베푸는 친절들은 낯설지만 따스했다. 어딜 가나 날 신기하게 쳐다보는 눈빛들은 그저 호기심에 그치지 않고 내가 길을 잃지 않도록, 내 테헤란 호스트인 자흐라를 무사히 만날 수 있도록 도와주었다. 인터넷상에 떠도는 무서운 무슬림은 없었다. 적어도 내가 발을 디딘 이곳만큼은.

✦

다시 만나는 이슬람 국가

어느 곳에 눈을 돌려도 온통 까만 물결이다. 페르시아력 1월인 모하람은 무함마드(이슬람교의 창시자인 예언자)의 손자이자 3번째 이맘(Imam, 시아파의 최고 지도자)이었던 후세인의 순교를 기리는 이란 최대 애도 기간이다.* 까만 옷을 입고 채찍과 쇠사슬 등으로 스스로를 때리는 퍼포먼스를 보이지만, 동시에 우리나라의 명절 같은 따뜻한 분위기이기도 하다. 도로 위에서 무료로 음료를 나눠주고, 어떤 집은 이웃에게 음식을 나누기도 한다.

내 호스트인 자흐라네 고모도 음식을 나눠줄 거라 했다. 음식을 타인에게 꼭 나누어야 하는 것은 아니지만, 음식을 나눠주면

---

* 이란여행/유진주, 지식과감성, 2017.01.11 참고

이란 아자디 스타디움, 한국과의 축구 경기

소원이 이루어진다고 생각하기에 소원이 있다면 사람들에게 베푸는 것이라고 했다. 소원을 이루기 위해 타인에게 베푼다는 게 어쩐지 귀엽게 느껴진다.

이슬람 국가 하면 떠오르는 명절인 라마단도 이유 없이 금식을 하는 게 아니라 굶주리는 사람들의 입장을 생각해보기 위해 하는 행위라고 했다. 이슬람을 믿는 국가마다 의미는 모두 다를 수도 있겠지만 자흐라가 말해주는 이야기들은 내가 알고 있던 이슬람이 맞는지 들을수록 새롭고 궁금해졌다.

마당과 거실에 모여 음식을 준비하는데 조금 낯설게 느껴진다. 옛날 우리나라 명절 모습과는 조금 다른 풍경이라서 말이다. 이웃집 친구들까지 합세해 남자들이 주가 되어 재료를 손질하고 요리를 한다. 평소엔 주로 여자가 요리를 하지만 사람들에게 나눠줄 음식의 양이 워낙 많다 보니 체력이 더 좋은 남자가 주축이 되어 요리를 한다고 했다. 막연히 이란은 이슬람 국가니까 남녀 관계가 갑을 관계 같을 것이라 생각했었는데 그런 것만도 아니었구나. 자흐라네 부모님만 하더라도 아버지가 어머니에게 다리 마사지를 해주고, 늘 자상하게 대했다. 오히려 대부분의 집안 내에서는 아내의 입김이 센 편이라고 했다.

그렇다고 남녀가 평등한 곳은 아니다. 확실히 이란의 여성 인권은 낮다. 외국인마저 여성이라는 이유로 히잡을 착용해야 하는 법을 지녔으니까. 한국에 가게 되면 히잡을 쓰고 다닐 거냐는 내 물음에 자흐라는 눈을 반짝이며 아니라고 대답했다.

2016년 강남역 화장실 살인 사건을 시발점으로 인터넷상에는 여혐(여성 혐오)이니, 남혐(남성 혐오)이니 하는 민감한 이슈들과 페미니즘에 대한 논쟁이 일어났다. 인터넷상에서 누군가 원하지 않는 발언을 한다면 김치녀니, 한남이니 하며 욕을 먹는 것에서 끝날 테지만, 이란은 그런 수준이 아니었다. 원하지 않아서 히잡을 쓰지 않아도 법적 처벌을 받는 나라니까. 그래서 누군가 원해도 말하기가 어려운 거겠지.

대한민국은 적어도 내 목소리를 낼 수 있는 나라라는 게 얼마나 다행인지 모르겠다. 나는 목소리를 낼 수 있으니까 앞으로 만날 많은 사람들의 이야기를 귀담아듣고 대신 소리쳐줘야겠다. 외면하지 않아야겠다. 이곳을 여행하는 동안이라도 부당함을 알아보고, 공부하고, 그들의 목소리가 되어봐야겠다.

이란에 관한 토막 정보

이란은 종교 권력이 최고 정치권력을 가지고 있는 신정 정치 체제의 국가이다. 즉, 최고 종교지도자의 힘이 어마어마하며, 이슬람 국가 중에서도 법이 엄격한 편이라 외국인 여성도 긴 팔, 바지, 엉덩이를 가리는 옷과 히잡을(머리카락을 감싸는 스카프) 꼭 착용하여야 한다. 술과 마약 또한 금지되어 있다.

과거 팔레비 왕조(1925~1979년) 때에는 여성도 미니스커트를 입을 수 있는 근대적 정치 체제, 친미 성향의 국가였다. 허나 지나친 이슬람 민족 세력 탄압과 언론 통제 등의 공포 정치로 인해 국민들의 불만이 쌓였고, 이슬람 혁명(1979년)에 의해 팔레비 정권이 무너지며 지금의 보수적인 이슬람 국가로 변모하였다.

이슬람 국가는 크게 2종파, 시아와 수니로 나뉘며 이란은 시아파 종주국이다. 이슬람교의 창시자인 예언자 무함마드는 후계자를 지정하지 않고 사망하였고, 그 이후 누가 후계자가 될 것인가에 대한 싸움이 2개의 종파로 나뉘어 여태까지 대립하고 있는 것이다.

	시아파	수니파
종주국	이란	사우디아라비아
후계자 선정 방식	무함마드 가문에서 선출	합의하에 새로 선출
중동 이슬람 국가 종파 비율	17%	83%
대표 국가	이라크(정부), 레바논, 시리아(정부)	이집트, 오만, 아랍에미리트, 터키, 파키스탄, 시리아(반군), 바레인, 수단
		다에시(IS) - 수니 중에서도 와하비즘 신봉

이처럼 이란과 사우디아라비아는 적대적 관계이며, 페르시아인의 후예인 이란은 아랍이라는 이름으로 엮이는 것을 싫어한다.

✦
한 손엔 칼, 한 손엔 코란? 진짜?

얼마 전 한 기사를 읽었다. 미국 비행기 안에서 '인샬라(신의 뜻대로)'라는 말을 했다는 이유로 비행기에서 쫓겨난 무슬림 승객. 혹시 모르니까 안전을 위해 그랬다기엔 경찰의 말이 가관이었다.

"요즘 같은 세상에 어디서 감히 아랍어를 쓰냐?"

장시간의 심문과 소지품 검사를 당한 그는 사과 받지 못했고, 매뉴얼대로 처리한 것이라는 답변만이 돌아왔다. 인터넷 기사 댓글에서도 이슬람을 혐오하는 댓글을 쉽게 발견할 수 있다. 약 16억 명(2011년 기준), 세계 인구의 4분의 1가량 되는 이슬람을 믿는 사람, 무슬림은 이런 취급을 받아도 되는 잠재적 테러리스트일까? 사람들은 왜 '이슬람'이라는 종교 자체를 싫어할까?

그 이유를 찾아보다 무시무시한 글들을 접하게 됐다. 이슬람교의 경전인 코란에서는 살생과 여성 탄압을 당연시하는 구절이 있기에 그 '뿌리부터가 나쁜 종교'라는 것. 명예 살인이 가능한 종교, 여자는 때려도 된다, 비무슬림은 죽여도 된다는 등의 말이 적혀있었다.

진짜? 사람마다 다르다지만 내가 만난 무슬림은 다들 친절했는데.

"자흐라, 진짜 코란에는 이렇게 적혀있어?"

조심스럽게 인터넷에 있는 글에 대해 물어보자 자흐라는 화들짝 놀라며 "아니야." 하곤 이슬람 경전인 코란을 들고 왔다. 결론부터 말하자면 인터넷에 떠도는 무시무시한 구절은 거짓이거나 잘못된 해석이었다.

코란에는 '한 손엔 칼, 한 손엔 코란'이라는 말이 없다. 서구에서 비롯된 이슬람에 대한 편견으로 생긴 말이었다. 간단히 정리하자면, 이슬람은 먼저 전쟁을 일으킬 수 없으며 오직 자신을 지키기 위해서 싸울 수 있다. 개종도 할 수 있고, 비무슬림이라고 이유 없이 누군가를 죽일 수 없으며, 우리나라보다 1,400년 앞선 7세기부터 여성에게 투표권과 이혼 권리, 재산 상속권 등을 보장해왔다.

학교에서 '기독교 알기'라는 교양 수업을 들은 적이 있다. 교수님께선 성경을 한 구절의 문장이 아니라 전체적인 맥락에서 접근해야 하며, 각 시대의 변화에 따라 인간이 접근하는 관점이 달라지기에 다르게 해석될 수 있다고 하셨다.

이슬람교의 성경인 코란도 그렇다. 코란이 쓰였을 당시를 생각하자면 여성에게 부여되는 투표권, 재산 상속권 등이 파격적인 대우였지만, 변하는 시대를 따라잡지 못하는 해석(사실 따라잡을 의지가 없는 거겠지만)이 무슬림 여성 인권을 옭아매고 있다. 이건 종교를 이용하는 사람이 잘못된 거지 종교 자체가 나쁜 게 아니다. 비난이 아닌 비판을 할 거라면 거짓된 정보에 대고 무작정 욕할 게 아니라 적어도 제대로 된 사실을 알고 비판해야 하지 않을까.

사실 이슬람을 믿는 무슬림들은 다에시(IS, 이하 다에시)를 싫어한다. 다에시를 사이비 종교 집단이라고 하면 와 닿으려나?

"저 사람은 진정한 기독교인이 아니라 이단이야." 했을 때 비기독교인에게 잘 와 닿지 않는 것처럼 이 문제 또한 같았던 것이다. 미디어 속 단편적인 모습, 이슬람의 이름 아래 가해지는 다에시의 테러, 사우디아라비아 등 일부 국가에서 벌어지는 심각한 수준의 여성 탄압은 평범하고 신실하게 살아가는 수많은 무슬림들까지도 무시무시한 사람으로 만들어 버렸다.

인터넷 속 무서운 코란에 대한 진실

- 7세기부터 여성에게 투표권, 이혼 권리, 재산 상속권 등을 보장하고 있지만 재산 상속 비율 등 남녀의 차이가 있는 것은 사실이다.

- 개종을 한다고 사형을 당하지 않는다. 여성의 경우 상관이 없으며, 남성의 경우 사형을 당할 때가 있는데 특별한 케이스이다. 이슬람에 대해 너무나 잘 알고 그것이 진리임을 깨우친 사람이(예: 성직자) 전쟁같이 이슬람 율법에 어긋나는 나쁜 일을 꾸밀 목적으로 개종했을 경우는 사형. 그런 나쁜 마음을 가졌다고 해도 혼자 속으로만 생각해 남들이 모른다면 사형을 당하지 않음. 사형은 방어 목적

- 그냥 여자를 때릴 수 있는 게 아니라 간음을(배우자 이외의 사람과 부정한 성관계) 하였을 때 때릴 수 있다. (옳은 행동이라고 생각하진 않는다.)

- **나는 너희와 함께 있으니 신앙인들에게 확신을 줄 것이며, 내가 불신자**

의 마음을 두렵게 하리니, 그들의 목을 때리고, 또한 그들 각 손가락을 때리라.(코란 8장 12절)

너희가 전쟁에서 불신자를 만났을 때에 그들의 목을 때려라. 너희가 완전히 그들을 제압했을 때 그들을 포로로 취하고, 그 후 은혜로써 석방을 하던지 아니면 전쟁이 종식될 때까지 그들을 보상금으로 속죄하여 주라(47장 4절)

길고 긴 코란 책 한 권 속에서 이 두 문장만 뽑아서 해석할 수 없으며 앞뒤 내용을 고려해야 한다. 이슬람이 살생의 종교라는 것을 주장할 때 '불신자'를 죽이라는 구절을 증거로 사용하는데 여기서 불신자란 우리 낱말의 뜻 그대로인 '종교를 믿지 않는 자'가 아니라 다른 의미이다. 아랍어 불신자는 많은 뜻을 가지고 있는데 그 구절에서의 불신자는 아주 나쁜 사람을 말하는 것. 예를 들어 무슬림을 박해할 목적으로 "세상에 신이란 없으며 그러므로 나를 믿어라. 나에게 모든 물건을 바치고, 무슬림은 거짓된 종교를 믿으므로 죽이자!" 하는 사람이 불신자.

47장 4절의 경우 한국어 해석도 약간 잘못되었다고 한다. '너희가 전쟁에서 불신자를 만났을 때 그들의 목을 때리라.'가 아니라 '너희가 전쟁에서 목을 때린(→ 목이 잘린 → 전쟁에서 진) 불신자를 만났을 때'라는 말로 전쟁에서 진 나쁜 놈을 은혜로 석방하던가 돈을 받고 풀어주라는 것. 여기서 돈을 받는 이유는 그들이 전쟁을 일으켰고(무슬림은 방어 목적의 전쟁만 할 수 있으므로 전쟁을 먼저 일으키지 않았다는 전제) 그로 인해 파괴된 도시 재건이 목적.

- **알라**(예수)**를 위해 전쟁하는데 주저하면 벌을 받는다**(8절) : 알라를 위해 전쟁한다는 뜻은 모든 사람들을 위해 '방어의 목적(무슬림은 먼저 전쟁 일으킬 수 없음)'으로 전쟁을 하는 것인데 당연히 해야 할 일을 하지 않았기에 벌을 받는 것. (착한 사마리아인의 법을 생각하면 쉽다.) 전쟁으로 내 이웃이 죽어 가는데 나만 살자고 전쟁에 동참하지 않으면 벌을 받는다는 의미.

- **종교가 모두 알라만의 것이 될 때까지 전쟁하라**(코란 8장 39절): 말 그대로 신의 것이 될 때까지라는 의미가 아니라 알라(신)의 뜻처럼 평화로운 세상이 될 때까지 고군분투하라는 의미.

사실과 왜곡된 부분을 바로잡기 위해 작성하였지만
그럼에도 불구하고 코란에는 성차별적인 요소가 있음을 인지하고 있음.
성직자 포함 총 6명의 이란인(이슬람 시아파)의 도움을 받았으며,
이슬람에는 여러 종파가 있기에 모든 나라가 이와 같지 않을 수 있음.

✦

누가 그녀들에게 히잡을 씌웠는가

종교가 없는 내게 종교를 믿는 사람은 두 부류로 나뉜다. 교리를 기반으로 선한 영향을 끼치며 살아가는 이들과, 종교의 이름을 훔쳐 악행 혹은 사적인 이익을 위해 이용하는 자. 신이 실재하는지는 모르겠지만 신의 말씀을 글로 받아 적은 이들은 사람이었고, 그것을 해석하는 자 또한 사람이었다. 그래서인지 본래 목적과 다르게 때때로(아니, 사실 많은 시간 동안) 종교는 어떤 이의 목적을 이루기 위한 수단으로 사용되어 왔다.

이란의 정식 명칭 'Islamic Republic Of Iran'은 신에 의한, 국민에 의한 이란이란 뜻이다. 이곳은 모든 권력의 위에 최고 성직자가 있는 신정 국가이다. 내가 느낀 이란은 신의 것도, 국민의 것도 아닌 권력자의 것이었다. 신의 뜻이라는 가면을 쓴 사람은 여자들에게 히잡을 씌웠고, 히잡이 씌워졌던 그들 중 많은 이들은 이제 자발적으로 착용하고 있다.

히잡을 착용하게 된 첫 시작에는 여러 설이 있다. 사막 나라라서 뜨거운 햇볕을 가리기 위해, 자신의 부인과 딸을 외간 남자의 추행으로부터 막아내기 위해, 코란에 나와 있는 '외투로 몸을 감추라'라는 말을 히잡 착용으로 해석해서 등의 몇 가지 설이 있다. 마지막 이유의 경우 어떻게 해석하느냐에 따라 국가마다 루싸리, 차도르 등 가리는 부위가 모두 다르다. 옛날 우리나라와 많은 나라들이 그랬듯 당시 코란을 해석하는 율법학자, 권력을 쥐고 있는 대다수는 남성이었고, 그들에 의해 해석된 코란은 여성에게 불리할 수밖에 없었다.

한국에서 지낼 때 '청바지와 히잡의 나라 이란'이라는 다큐멘터리를 통해 이란을 만난 적이 있었다. 그때의 난 이란 여성들이 현대 사회를 살아가면서도 그들만의 전통을 묵묵히 지켜내고자 하는 사람이라 생각했는데, 아니었다. 원해서 착용하는 이도 있지만 원치 않는 이 또한 많았다. 형형색색의 화려한 히잡은 제도 안에서 변할 수 있었던 최선이 아니었을까.

히잡을 자발적으로 착용하는 한 친구가 말했다.

“여자는 남자보다 예쁘고 소중하기 때문에 우리를 지키기 위해서 착용해. 히잡을 착용하면 귀찮은 일을 겪지 않아. 남자들은 본래 그리 태어났기 때문에 히잡으로 미를 가리고 만난다면 더 진실한 사랑을 할 수 있어. 바람피우는 것도 막고, 우리를 물건이 아닌 사람으로 볼 수 있는 거야.”

아이러니했다. 성추행을 막기 위해 내 몸을 다 가리고 다니는 것과 같았다. 내가 옷을 입었든 안 입었든 애초에 이성을 가진 사람이라면 나를 추행하지 않을 텐데, 이건 남자를 동물로 취급하는 거잖아.

히잡을 착용하고 싶어 하는 이와 아닌 이 중 더 안쓰러웠던 이는 후자였다. 세뇌를 당했든 뭐든 쓰고 싶어 하는 사람은 자신이 불행하다 여기지도 않고 행복하게 착용하고 있으니까. 다만 히잡의 불합리함을 깨달았음에도 법 때문에 할 수 없이 착용해야만 하는 이들이 안타까울 뿐이었다.

누가 알았을까? 40년 전 미니스커트를 입고 거리를 활보하던 그들이 온몸을 가리게 될 줄은. 법을 바꿀 수 있는 그들에게 말하고 싶다. 신의 뜻이든 국민의 뜻이든 어느 한 목소리라도 듣는다면 이란은 더 좋은 나라가 될 거라고.

여성이 남성인 선생님에게 운전을 배우려면

동행인이 함께 탑승해야 한다.

✦

어떤 아이와
당신

1.

카우치 서핑 호스트들은 내 여행을 흥미로워했다. 그도 그럴 게 사람들이 잘 가지 않는 곳들을 좋아한 덕분이었다. 여느 때처럼 야즈드 호스트인 아바스와 함께 그간 찍은 사진을 구경했다.

"이건 오늘 찍은 사진이네. 아이들 귀엽다. 아, 어렸을 때로 돌아가면 좋겠어. 내일 일 가기 싫다."

글쎄, 직장인인 아바스의 마음이 이해 가지 않는 건 아니지만 선뜻 어렸을 때로 돌아가고 싶다는 말을 하지 못하겠다.

"나는 옛날에 눈물 젖은 빵을 먹던 시절이 있어서 좀 고민된다. 하하."

아바스는 갸우뚱하며 물었다.

"눈물 젖은 빵을 먹던 시절이 뭔데?"

"힘들었던 시기라는 거야."

"그럼 넌 그때 눈물 젖은 빵을 먹은 거야?"

나는 "그냥 해본 말이야."라며 웃어넘겼다.

빵은 아니지만 김밥은 지겹게 먹어봤었다. 눈물이 섞인 짭조름한 김밥을.

잊었다고 생각했지만 이따금씩 불쑥 찾아와 날 괴롭혔던 기억이 있다. 머리칼이 살짝 흩날리는 바람에도 시리다 못해 아팠던 날들. 열일곱의 난 학교 일층에 위치한 일 학년 십 반 교실에 살았다. 대부분의 고등학생은 집보다 학교에 있는 시간이 대부분이니까, 나도 그 교실에서 살았다. 교실 밖을 나와 왼쪽에 위치한 여자 화장실 맨 오른쪽 칸은 지겹도록 자주 갔던 내 석식 장소였다.

처음부터 혼자 밥을 먹었던 건 아니다. 수다스러운 성격 덕에 입학하자마자 나와 비슷한 수다쟁이 친구를 얻었다. 우리는 온종일 붙어 다니며 재잘재잘 수다를 떨었다.

"너 우리 반에 별로인 애 없어?"

그 애의 물음에 반을 둘러봤다.

우리 반에는 앞머리만 노랗게 염색하고 온 여자애가 있었다.

작년 중학교 때 같은 반이었던 여자애. 내 커다란 교복 차림이 찌질하다며 무시하던 애였다. 난 앞머리를 쓱 만지며 저 노란 머리의 여자앨 좋아하지 않는다고, 친해졌다고 믿은 친구에게 말했다. 그녀도 내게 말했다.

"나도 쟤 별로야!"

며칠 뒤 노란 머리 여자애는 내 자리로 다가와 서늘한 목소리로 말했다.

"너. 너 잘못한 거 있지? 학교 끝나고 뒤 공원으로 와."

어제는 분명 나와 웃으며 놀았던 반 친구들이 함께 날 째려봤다. 인적이 드문 공원에서 나는 홀로 우두커니 서 있고, 노란 앞머리의 여자애를 주축으로 아이들이 날 빙 둘러쌌다. 그 여자애의 옆에는 어제 함께 온종일 수다를 떨었던 그녀가 씩 웃으며 가자미눈으로 날 쳐다봤다.

"네가 내 욕하고 다녔다며? 어이없다."

노란 머리 여자애의 말에 난 작은 목소리로 대답했다.

"욕하고 다니진 않았지만 널 좋아하지 않는다곤 했어. 어쨌든 네 뒤에서 얘기한 거니까 미안해."

아이들은 순식간에 돌아섰다. 그래, 누가 봐도 내가 잘못한 거였다. '그러니? 날 왜 믿었어?' 하며 비웃는 듯 내려다보는 그녀에게 "너도 같이 좋아하지 않는다고 했잖아."라는 말이 목구멍까지 차올랐지만 그냥 삼켜버렸다. 이 진흙탕으로 끌고 오고 싶지 않아 입을 닫아버렸다.

누군가를 좋아하지 않은 대가는 가혹했다. 날 흘겨보며 욕하는 말들은 애교였다. 책상 서랍에 있던 수학 교과서가 수학 시간만 되면 사라졌고, 다시 다른 수업 시간이 되면 "어? 이거 저기 있었어." 하며 키득거리는 소리와 함께 돌아왔다. 화장품이 사라진다든가, 내 몸을 툭 친다든가, 머리카락에 지우개 가루가 쌓이는 일이 빈번했고, 학교를 나오지 않은 날이면 방석이 흠뻑 젖어있었다. 어떤 이는 "야, 이거 네가 쓴 거라며? 왜 내 미니홈피에 욕 써?" 하며 내가 쓰지도 않은 욕설에 대해 캐묻기도 했다. 누군가의 물건이 사라진 날이면 혹시 내 서랍 속에, 가방에, 사물함에 있는 건 아닐지 몸이 벌벌 떨렸고, 나서서 내가 가져간 게 아니라고 활짝 열어 보여줬다. 지나가는 사람이 날 쳐다보거나 속닥거리기만 해도 모두 날 손가락질하는 것 같아 심장이 쿵쿵 뛰었다. 더 이상 나는 수다스럽지 않았다.

중학교 때 친하게 지냈던 친구들은 모두 2층을 쓰고 있었다. 새 학기를 맞아 새로운 친구들과 신 나게 어울리는 그들에게 "나 우리 반에서 따돌림 당해."라고 말할 수 없었다. 알량한 자존심이 허락하지 않았다. 허나 요새 무슨 일 있냐고 자꾸만 묻는 친구들의 걱정에 목구멍까지 차오른 괴로움을 삼키지 못하고 꺼이꺼이 쏟아지는 눈물과 함께 토해냈다. 그 후 혼자 밥을 먹는 시간은 크게 줄었지만 동떨어진 우리 반에 다른 반 친구들이 온종일 들락날락하는 일은 현실적으로 어려운 일이었다.

교실 안, 이 많은 사람들 속에서 난 혼자야.
이대로 재가 되어 날아가 버리면 너희들의 즐거움이 사라지니
날 기억해줄까?
아니면 그것마저 깔깔대며 즐거워할까?

매일이 무서웠다. 지독하게 괴롭고 외로웠다. 날 그만 미워해 달라고, 외롭고 싶지 않아 쿵쾅거리는 심장을 부여잡고 주변 아이들에게 말을 걸어봤지만, 내 한 가닥의 용기는 형체도 없이 사라져버릴 뿐이었다. 내가 이렇게 벌을 받을 만큼 큰 잘못을 한 걸까? 화가 났다. 날 괴롭히는 애들에게 화를 내봐도, 무시를 해

도, 변하는 건 하나도 없었다. 온종일 학교뿐인 내 하루엔 나를 괴롭히는 사람과 외면하는 사람. 두 부류뿐이었다. 나도 저 아이들처럼 활짝 웃고 싶었다. 집에 오면 유머 사이트를 보고 게임을 하며 밤을 새우고, 교실로 돌아와선 책상에 고개를 처박았다.

시간이 흐르고, 괴롭힘의 방향이 말을 어눌하게 하는 아이에게로 향했다. 주요 대상이 내가 아닐 뿐, 여전히 교실 안에선 괴로움이 넘쳤다. 손가락질하는 그 애들에게 “하지 마! 그럼 안 되는 거잖아!” 하고 소리치고 싶었지만 할 수 없었다. 다시 날 가리킬 그 손가락이 무서워서 용기가 나지 않았다. ‘상처받고 싶지 않아, 또 상처받고 싶지 않아.’ 하며 몸을 잔뜩 웅크렸다. 열일곱의 내가 할 수 있는 건 그저 쉬는 날에 그 아이의 집에 놀러 간다든지, 종종 같이 밥을 먹는 것뿐이었다. 비겁함과 초라함, 자괴감은 날 서서히 질식시켰다. 숨이 가빠왔다. 신음하는 밤들이었다.

학년이 올라가 합반으로 바뀌고 날 향한 손가락질은 대부분 사라졌다. 허나 교실이 바뀌어도 여전히 누군가는 작년의 나를 대신했다.

'잘 된 거야. 나는 잘 된 거야. 함께 밥을 먹고, 소소하게 수다를 떨 수 있는 친구들이 생겼으니까 좋게 변한 거야. 교실 안에서 벌어지는 남의 불행 따위, 작년 우리 반 애들처럼 그렇게 무시한다면 행복할 수 있어.'

추석에 집이 비었다. 친구들과 함께 우리 집에서 놀기로 했다. 아이들은 호기심 가득한 눈으로 초록, 갈색 병의 술을 들고 왔다. 처음 마셔보는 일탈이었다. 초록색 병을 응시하는데 문득 그런 생각이 들었다. '저 병을 한 번에 다 마셔버리면 다시 눈을 뜰 수 없지 않을까, 그럼 이 더러운 세상에서 살지 않을 수 있지 않을까?' 하는 미련한 생각. 병뚜껑을 까고 입으로 가져가 그대로 벌컥벌컥 한 방울도 남기지 않고 마셔버렸다. 눈을 한 번 깜빡하고 뜨니 낯선 풍경의 방에 누워 있었다. 이웃집 아주머니의 집이었다. 죽기는커녕 너무 아파서 살아있음이 더 생생하게 느껴졌다.

병원에서 전화가 와 치료비를 수납하라고 했다. 간밤의 나는 응급실에 다녀온 모양이었다. 할머니 댁에서 돌아온 엄마와 아빠는 왜 그랬냐고 물었다. 눈을 내리깔고 우물쭈물하다 입을 뗐다.

"나 왕따 당했었어. 너무 힘들었어. 그래서 그랬어. 미안해."

엄마와 아빤 내게 아무 말도 하지 않았고, 그 뒤로 난 그런 바보 같은 짓을 절대 하지 않았다.

어쨌든 몇 년이나 지난 이야기다. 상처가 아물고 색이 옅어진다 하여 흉이 사라지는 건 아니지만, 누군가는 벌써 까맣게 잊었을 케케묵은 그런 기억.

묵혀진 기억도 수북이 쌓인 먼지를 툭툭 털어내듯,

그렇게 털어낼 수 있으면 얼마나 좋을까.

바다에 구정물이 떨어졌다 하여
다 퍼내려 하지 말자.
그까짓 것 때문에 깨끗한 물도
다 퍼내 버릴 순 없잖아.

맑은 물을 모으다 보면,
너울대는 파도 속에서 흩어지고
뭉쳐지길 반복하다 보면,
냄새나는 그것도 언젠가 푸른 바다의 한몸이 되겠지.
언제 이곳에 구정물이 떨어졌는지 아무도 모르게.

✦

일리아

"안녕! 민희 언니!"

아담한 여자아이가 쪼르르 달려와 나를 반겼다. 한국어를 4년 동안 배웠다는 고등학생, 그녀의 이름은 일리아. 자흐라(테헤란 호스트)가 소개시켜준 이스파한 호스트였다. 낮엔 함께 이스파한의 관광 명소를 돌아다니고, 밤이 되면 초대 받은 이웃집을 순회했다. 외국인이 적어서인지 이란 사람들은 항상 나를 신기해했고, 일리아는 자신의 친구가 외국인이라는 것을 뿌듯해 하는 눈치였다. 조금 피곤했지만 웃음 한가득인 일리아의 얼굴에 초대를 거절하진 않았다.

그중에서도 매번 들르는 집이 있었는데, 일리아는 그 집 오빠를 좋아하는 모양이다.

"내일 놀러 갈 때 오빠랑 친구들 불러도 되지?"

나도 눈치가 있는데 거절할 이유가 없지. 다음 날 아침, 이웃집 오빠 그리고 그의 친구들과 함께 궁전과 모스크를 구경한 것까지는 좋았다. 레스토랑에서 밥을 먹기 전까지는.

"일리아, 나 얼마 주면 돼?"

"12만 토만** (45,000원)"

** 이란의 화폐(10리얄=1토만) 리얄이라는 화폐 단위를 사용하지만 화폐의 단위가 매우 커 10리얄에서 0을 하나 떼고 1토만이라는 단위로 바꿔 부른다.

'12만 리얄(4,500원)을 잘못 말한 건가?' 하고 12만 리얄을 만들고 있는데 "아니, 그거 아니고 12만 토만" 하며 들고 있던 내 돈을 쓱 가져가 오빠에게 건넸다. 오빠는 씨익 웃었다. 뭔가 이상해. 테헤란에서 갔던 비싼 레스토랑에서도 인당 만 원 정도였는데, 방금 먹은 게 5배나 더 비싸다고? 게다가 나와 같은 메뉴를 먹은 일리아는 15만 리얄을 냈는걸.

"나 영수증 좀 보여줘."

내 말에 일리아는 약간 당황한 것 같은 표정을 보이며 영수증을 줬다 도로 가져갔다. 진짜 이상하잖아. 아무리 봐도 우리 여섯 명의 총 가격이 120만 리얄(=12만 토만)인데, 혹시나 하는 맘에 이란어를 할 수 있는 친구에게 사진을 보내봤지만 총 120만 리얄이 맞단다. 지금 나 사기당한 거야? 아냐. 설마…. 내가 착각한 걸까?

"일리아 내가 돈을 좀 더 많이 낸 것 같아."

"아니야~"

"아닌데, 내 계산에는 내가 더 많이 낸 것 같아."

"영수증 없으니까 나중에 집에 가서 계산하자 언니."

"나 지금 영수증 사진 있는데 이거 총 120만 리얄 아니야?"

"음…, 맞아."

"아까는 나보고 120만 리얄 내라고 하지 않았어?"

"아니, 그거 오해야. 총 120만 리얄이라고 한 거야."

"그럼 돈은 왜 더 가져갔어?"

"음…, 문제가 있다면 집에서 계산해서 돈을 더 달라고 할게."

"난 지금 이야기했으면 좋겠어."

차 안에서 일리아에게 돈 문제를 꺼내자 오빠와 그의 친구들은 갑자기 음악 볼륨을 가장 크게 높였고, 한 친구는 나에게 어딜 가고 싶냐고 물었다. 무시하고 일리아와 계속 대화를 나누자 나를 제외한 나머지 사람들은 이란어로 한국 어쩌고저쩌고하며 깔깔 웃었고, 일리아도 덩달아 웃었다. 너무 화가 났다. 뭐라고 화를 내고 싶었지만 혹시나, 혹시나 내 오해가 아닐까 해서 최대한 웃으며 말했다. 헌데, 이건 아무래도 오해가 아닌 것 같다.

나를 바보로 만드는 듯한 이 분위기는 '네가 생각하는 게 맞아. 널 속인 거야.'라고 외치고 있었다. "어디 갈까?" 하고 묻던 그의 친구들은 내 돈을 돌려준 뒤 피곤할 테니 푹 쉬라며 나와 일리아를 집으로 데려다줬다. 돈이 중요한 게 아니었다. 그저 착하고 귀여운 아이라고 생각했던 친구에게 배신을 당한 기분이었다.

작은 의심의 씨앗은 마음을 새까맣게 잠식시켜 버렸다.

모든 것이 불편하고 불안해졌다. 지나가는 물건을 유심히 볼 때면 "언니는 외국인이니까 이거 전부 싸겠다~"라며 한국 사람이라 부럽다는 마음을 비쳤고, 그 말들은 더 이상 내가 부럽다는 의미로 들리지 않았다.

시장의 상인들은 외국인에게 무조건 바가지를 씌운다며 오빠의 지인 가게로 가자는 네가, 이란에서는 아는 사람을 통해야 편하니 그 오빠의 고모부네서 택배를 보내자는 네가 밉다. 집에 돌아와 널브러져 있던 내 배낭이 정리정돈 되어있는 걸 보고 사라진 물건이 없는지 확인하는 내가, 사소한 선의마저도 의심하게 만든 네가 너무 미워. 일리아의 집을 떠나고 싶어졌다.

알아.

여행이 항상 즐거울 수는 없다는 거.

다른 건 다 괜찮아. 괜찮은데, 있는 그대로를 다 믿을 수 없다는 게,

좋았던 시간마저도 진짜일까 의심하게 된 내가, 네가 너무 미워.

신뢰할 수 없게 되고, 모든 것이 불편하고, 불안하고,

의심 속에서 그냥 씁쓸해할 수밖에 없다는 사실이 슬퍼.

머릿속에 과부하가 걸린 건지 아파서 잠을 설쳤다. 온몸이 짓눌린 것처럼 무겁고, 쑤시고, 춥고, 머리는 깨질 것 같이 그냥 너무 아팠다. 일리아와 그녀의 어머니께선 날 위해 죽을 쒀주고, 기도하고, 걱정했다. 얇은 숨으로 호흡하는 내가 잘못되기라도 할까 매 시각마다 안위를 살폈다. 반나절 동안 땀 한 바가지를 흘리고 나서야 조금 기운이 들었다.

"언니 이제 진짜 괜찮은 거야?"

걱정 가득한 일리아의 얼굴은 전혀 거짓 같아 보이지 않았다.

한국에서 숱하게 많은 미운 사람들을 만났었다. 입에 달면 삼키고 쓰면 뱉어버리는 사람, 필요하면 취하고 필요치 않으면 내쳐버리는, 그런 필요에 의해 만나는 비즈니스 같은 인맥, 온 마음을 쏟았는데 더 이상 내가 쓸모없다며 돌아섰던 사람. 어쩌면 나는 그저 철없는 여고생을 내 마음을 짓밟았던 사람과 동일하게 보고 있었던 것일지도 모르겠다.

'그냥 레스토랑에서부터 여태 있었던 자잘한 일들은 네가 그 오빠를 좋아하는 서툰 마음이었다고 믿을래. 너의 모든 마음이 거짓이진 않았을 텐데 의심하고 미워해서 미안해.'

내일 아침 동이 트면 일리아의 집을 떠난다.

일리아, 나는 네가 그 오빠로 인해 너를 잃지 않았으면 좋겠어.

سفیر

✦
다시

"뭐함?"

재작년에 싸웠던 친구에게 카톡이 왔다. 그는 싸웠을 때 미안했다며 뜬금없는 사과를 했다. 이미 올 초에 한차례 화해했는데도 말이다.

재작년 여름, 같은 곳에서 일하던 우리는 서로에게 불만이 쌓였다. 나는 그를 이해하지 못했고, 그는 그런 나를 이해하지 못했다. 작은 균열은 순식간에 퍼져 견고했던 벽을 와르르 무너트렸다. 손에 꼽히게 친했던 만큼 배신감이 배가 되었고, 우린 남보다 못한 사이가 됐다.

작년 1월 1일, 여느 새해처럼 복 많이 받으라는 연락을 돌리는데 문득 싸웠던 친구가 떠올랐다. 우리 참 친했었는데 그런 별것 아닌 일에 연락도 못하는 사이가 됐네. 나도 참 어렸다 싶어 자판을 두드렸다.

"안녕, 옛날에 우리 친하게 지냈었잖아. 생각해보면 그렇게 싸울 일도 아니었는데 이렇게 남처럼 지내서 아쉽네. 카톡 보낼까 고민하다가 새해고 하니까 보내봤어. 아무쪼록 새해 잘 보내."

나의 메시지에 먼저 연락해줘서 고맙다며, 그때는 자기가 미안했다는 장문의 회신을 보내왔다. 연락을 계기로 화해했지만 전처럼 막역한 사이로 돌아가기엔 서먹함이 남아 자주 연락을 주고받진 않았다.

어쨌든 사과를 받았는데 왜 갑자기 또 사과하나 싶어 이유를 물었지만 그는 '그냥'이라고 대답했다. 그냥. 계기가 있든 없든 또다시 손을 내민 것이 고마웠다. 다시 사과를 하는 것에도 용기가 필요했을 것이기에. 봄의 햇살이 쬘 때면 길가에 남아있던 눈이 검었는지 희었는지 알 수 없게 녹아버린다. 나는 그가 내민 손을 잡았다.

성인이 되고 나선 내가 속해있는 집단에 따라 매년 친하게 지내는 사람이 바뀌었다. 매일 연락하던 친구가 그저 그런 사이가 되기도 하고, 그저 그렇게 지냈던 친구가 둘도 없는 단짝이 되기도 했으니까.

음…, 멀어진 사이라도 먼저 손을 내미는 것에 인색하지 말아야겠다. 문득 지나갔던 나의 잘못이 생각나서, 문득 예전에 받았던 도움이 떠올라서 연락을 보내봐야지. 세상에서 제일 소중한 사람을 다시 얻게 될지도 모르니.

오늘 밤은 지나간 도움에 대한 새삼스러운 감사 인사를 보내야겠다.

✦
내게 더 중요한 건

지이잉-

"민희, 너 케르만 갈래? 케티랑 카밀로 기억해? 버스에서 만났던 칠레 커플. 나 그들과 함께 내 차를 타고 케르만 사막으로 여행 갈 거야. 네가 같이 간다면 너무 재밌을 것 같아. 관심 있으면 나한테 알려줘!"

조지아에서 이란으로 가는 버스에서 만났던 모흐센의 문자였다. 시선을 돌려 달력을 보니 곧 삭이다. 사막이라면 다른 나라에서도 꽤 많이 다녀 확 끌리진 않았지만 달이 없는 밤하늘, 은하수를 다시 볼 수 있다는 사실에 혹해 곧장 답장을 보냈다.

"그래. 갈래!"

모흐센과 케티, 카밀로. 우리는 해가 쨍쨍한 어느 토요일 정오에 다시 만나 동쪽을 향해 끝이 보이지 않는 길을 달리고, 달리고, 또 달렸다.

이란 정말 크기도 하지. 끝없는 길의 연속이다. 길 위에서 온종일 달리는 차 안은 오롯이 우리들만의 세계. 덜컹거림 속에서 수평이 맞지 않는 좌석을 서로 바꿔가며 버텨내고, 귤을 까 서로의 입에 넣어주기도, 신 나는 음악에 춤을 추기도, 시시콜콜한 대화를 나누기도 했다.

케티와 카밀로는 자전거로 유럽 횡단 여행을 했다. 자전거로 여행하는 게 체력적으로 힘들긴 하지만 그 나라의 공기와 온도를 서서히 몸으로 받아들이는 게 좋다고 했다. 모흐센은 다양한 국적의 친구들을 만나는 걸 좋아했다. 여행 가이드라는 직업으로 돈을 벌고, 그 돈으로 또다시 여행자들에게 베푸는 걸 좋아하는 사람이었다. 그는 우리에게 일반적인 관광객이 잘 알지 못하는 동굴 마을과 이름도 모를 곳들을 보여주고, 설명하고, 운전했다.

우리로 함께한 지 이튿날, 케티가 회의를 소집했다. 안건은 모흐센이 운전하는 시간이 너무 길다는 것.

"이란에는 아름다운 곳이 많아. 난 너희에게 많은 곳을 보여주고 싶어."

모흐센이 말했다. 그를 제외한 우리 셋은 이란에서 체류할 수 있는 기간이 얼마 남지 않았고, 그것을 알기에 강행군 중이었던 것이다.

"모흐센, 사막 남쪽을 포기하고 너희 동네에서 더 머무는 게 어때? 난 네가 온종일 운전대만 잡고 있는 게 싫어. 함께 시간을 보내고 싶다구."

케티의 말에 카밀로도 "맞아. 우린 목적지를 찍으러 다니기 위해 같이 여행하는 게 아냐. 함께 시간을 보내는 게 더 중요해."라며 거들었다.

나도 고개를 끄덕였다.

"네 마음은 알겠어. 그렇지만 제일 중요한 건 우리가 함께 있다는 거야. 모흐센, 넌 우리의 여행 가이드가 아냐. 친구지. 나도 케티 말처럼 우리가 함께 이 시간을 즐겼으면 해. 그 장소들이 아름다운 건 알지만 언젠가 다시 갈 수 있을 거야. 하지만 우리가 함께 같은 장소에서 같은 시간을 보낼 수 있는 건 어렵잖아. 난 멋있는 풍경보다 우리가 함께하는 시간이 더 소중해."

정말 그랬다. 은하수를 보겠다고 나선 여행이었지만 고작 이틀이라는 시간 동안 서로를 챙기고, 대화하고, 알아가며 우린 어느새 소중한 친구가 되어 있었다. 친구가 힘든 걸 싫어하는 게 당연한 거니까, 세상에서 가장 더운 사막이라는 핫플레이스보다 우린 그가 숨을 돌렸으면 했다.

묵묵히 이야기를 듣던 모흐센이 입을 열었다.

"여기 너무 아름다운 곳이라 보여주고 싶었는데…. 그래, 너희 마음 잘 알겠어. 사막 남쪽을 일정에서 빼자!"

아쉬운 것 같은 목소리와 달리 그의 얼굴엔 웃음이 번졌다.

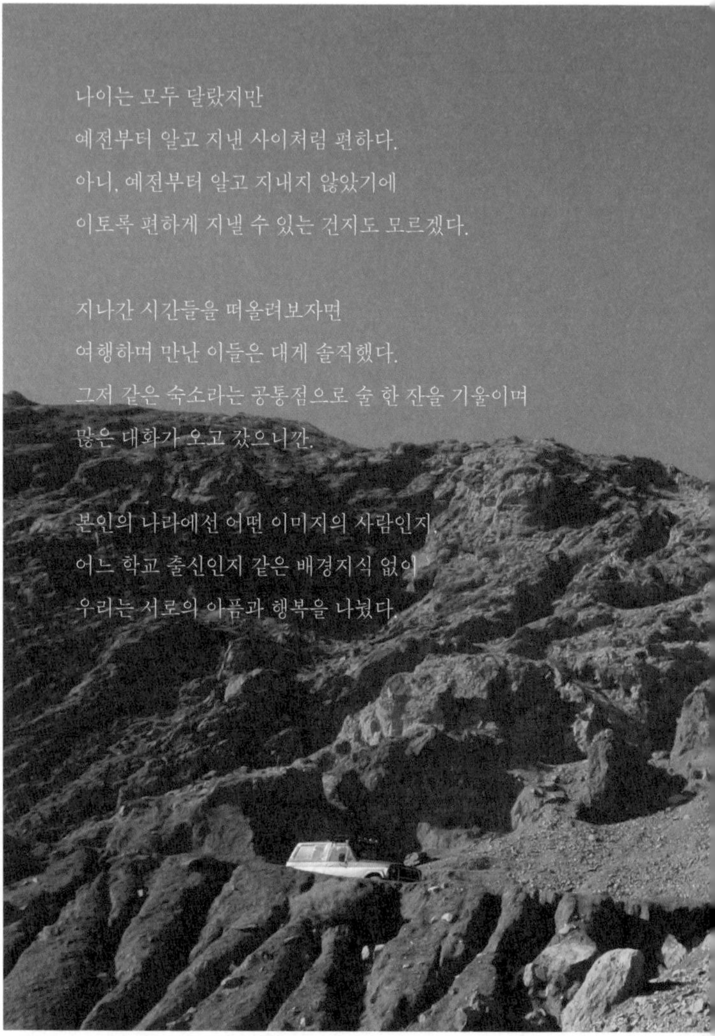

나이는 모두 달랐지만
예전부터 알고 지낸 사이처럼 편하다.
아니, 예전부터 알고 지내지 않았기에
이토록 편하게 지낼 수 있는 건지도 모르겠다.

지나간 시간들을 떠올려보자면
여행하며 만난 이들은 대게 솔직했다.
그저 같은 숙소라는 공통점으로 술 한 잔을 기울이며
많은 대화가 오고 갔으니깐.

본인의 나라에선 어떤 이미지의 사람인지,
어느 학교 출신인지 같은 배경지식 없이
우리는 서로의 아픔과 행복을 나눴다.

✦

낮과 밤 사이 어딘가

하늘은 수만 가지 색을 담고 있다. 미세 먼지 탓에 파아란 하늘을 보기가 어렵다지만, 맑게 갠 날이면 아득히 먼 파란 하늘이 해 질 녘 빨갛고 노란 태양색과 합쳐져 분홍빛으로 물들기도, 보라색으로 뒤덮이기도 한다.

보랏빛 하늘이 좋다.

한낮도, 어두컴컴한 밤도 아닌 이 어정쩡한 시간의 보라색이 좋다.

이르지도, 너무 늦지도 않은 그런 하늘색이.

✦

별 볼 일 있는 하루

우리가 함께하는 매일 밤, 하늘에는 항상 까맣다고 부르기 어색할 정도로 많은 별들이 떴다. 인터넷도 일반 전화도 터지지 않는 조용한 사막 위에서 우린 수학여행에 온 아이들처럼 둥글게 둘러앉아 생각을 나눴다.

"세상엔 흥미롭고 아름다운 여행지가 참 많지만 내가 살고 싶은 곳은 우리나라야. 살기엔 우리나라가 제일 좋아."

나의 말에 모흐센과 케티, 카밀로가 고개를 끄덕였다.

"나도 이란이 좋아."

"우리도 칠레가 가장 살기 좋아."

케티는 미소를 지으며 말했다.

"난 이런 게 여행의 매력이라고 생각해. 떠나기 전엔 항상 같은 것을 먹고, 보고, 살면서 이게 보통의 것이라고 생각하잖아? 그런데 다른 나라를 여행하다 보면 그게 아니거든. 나라마다 다 다르잖아. 그래서 당연하게 여겨왔던 내 나라에서의 모든 것들이 더 특별해지고 더 좋아지게 되는 거지. 자신의 보금자리를 더 사랑하게 되는 것, 그게 여행의 장점 중 하나라고 생각해."

우리는 모두 케티의 말에 고개를 끄덕였고, 나도 내 생각을 전했다. "맞아. 그리고 이 모든 여행은 그 돌아갈 보금자리가 있기에 더 좋은 것 같아. 불안함 속에서도 안정감을 느낄 수 있거든. 나는 언젠가 집으로 돌아갈 테니까 무한하지 않은 이 시간이 더 가치 있게 느껴지기도 해. 일상처럼 보내는 여행에서도 '내가 여행을 왔다.'라는 생각이 이곳을 새롭게, 더 특별하게 만들어준다고나 할까? 사실 비슷한 맥락에서 한국에서도 집 밖을 나서면 모든 게 여행이 될 수 있어. 지금과 같은 마음으로 똑같은 일상에서 새로운 마음을 찾아가면 되거든. 사소한 거라도 말야. 가령 '오늘따라 하늘이 더 파라네, 나무가 초록하네' 이런 것들."

여행을 떠나기 전엔 하늘을 올려다보지 않았다. 그러니 별 볼

일 없을 수밖에.

가만 생각해보면 여행이 내게 준 많은 것이 있었다. 지금 당장 눈에 보이는 취업용 스펙은 아니지만 내 삶을 더 풍요롭게 만들어주는 것들. 내 보금자리를 더 사랑하게 되는 것, 바쁜 일상 속에서 하늘을 올려다볼 수 있는 낭만, 그 하늘을 보고 어느 추억을 떠올릴 수 있는 기억. 아마 난 평생을 여행하며 살 수 있을 거야.

깜깜한 밤에는 별을 켜요

✦

홍차,
그리고 보리차

이란 사람들은 홍차를 어지간히 좋아하나 보다. 홍차는 어딜 가나 빠지지 않는다. 식사할 때, 디저트 먹을 때, 집에서, 식당에서, 여기 사막에서도 늘 물처럼 홍차를 마신다.

주전자를 불 위에 올려 멀뚱히 바라보다 '쉬이이- 쉬이이-' 하는 주전자 소리에 불을 끄곤 팔팔 끓는 물을 유리컵에 따른다. 티백을 컵 안에 폭 담그면 불그스름한 향이 물결을 따라 서서히 번진다. 달달한 게 당기는 날이면 네모난 각설탕 한두 조각을 떨어트려 달콤함을 추가했고, 바로 마시면 너무 뜨거우니 살짝 식혀 마셨다.

홍차가 딱히 맛있는 것도 아닌데 그냥 생수를 마시지 뭣 하러 번거롭게 차를 마시는 걸까, 생각하다 문득 나도 어렸을 적엔 생수를 마시지 못하는 아이였다는 게 떠올랐다. 초등학교에 입학해서 놀랐던 건 수돗물을 마신다는 거였다. 사실 수돗물이 아니라 정수기 물이었지만 그 맹맹한 맛은 어쩐지 샤워할 때나 쓰는 물 같아서 마시기 어려웠었다. 그 시절엔 집에서 생수 대신 보리차를 마셨다. 튼튼한 유리로 된 오렌지주스 병에 담긴 누르스름한 보리차는 항상 시원했고 구수했다. 가끔은 옥수수차, 또 어느 날은 눈에 좋다며 결명자차를 물처럼 마셨다. 아마 지금보다 수질이 좋지 않아 물을 끓여 마셨었나 보다.

스스로 차를 좋아하지 않는 사람이라 단언했건만 보리차를 물처럼 여겨 자각이 없었을 뿐, 난 이미 한 종류의 차를 좋아하고 있었다. 어렸을 적 물이라 믿었던 차가운 보리차에는 물을 끓이고, 우려내고, 꿀꺽꿀꺽 마실 수 있도록 식혀낸 엄마의 사랑이 담겨있었을 테다.

모흐센은 버려진 동네의 집을 샀다.
사막 한가운데 흐르는 온천수,
그로 인해 밀집되어 있는 야자수들, 흙으로 만든 집.
사람이 넘쳐나는 유명 관광지와는 다른
평화롭고 고요한 동네의 집을 샀다.

그는 눈을 반짝이며 말했다.

"여긴 내가 여행을 하다 알게 된 곳이야.
어떻게 이렇게 멋질 수 있지?
난 이 집을 깨끗하게 꾸며서 많은 사람들에게
보여주고 싶어!"

두껍게 쌓인 집 안의 먼지를 털어내고,

오래된 옷장을 버리고,

창틀에 색을 입혔다.

버려진 다른 집을 방문하고,
자연 온천탕에 몸도 따뜻하게 녹이고,
밤에는 별을 헤며 그렇게 시간이 지나갔다.

"여기서라면…, 한 달은 더 있고 싶어. 아쉽다."
"다음에 너희가 올 땐 더 근사하게 변해있을 거야."

✦
안녕

비행기 티켓의 날짜가 성큼 다가왔다. 몇 시간 후면 난 이들과 헤어져 북동쪽 비르잔드에서 남서쪽인 쉬라즈에 가는 버스에 타게 된다. 모두들 이별의 시간이 다가옴을 알고 있지만 이에 대해 누구 하나 언급하지 않았다.

점심을 먹은 후 정말 헤어져야 할 때, 방금 먹은 점심값과 공동 여행 경비, 버스비를 모흐센에게 건네는데 케티가 물었다.

"민희, 이란 돈 얼마 가지고 있어?"

사실 모흐센에게 건넨 돈을 제외하면 거의 무일푼이나 다름없었다.

"이란 돈은 남는 거 없는데. 괜찮아! 달러도 있으니까 환전하면 돼. 그리고 어차피 나 바로 비행기 타고 갈 거잖아."

얘기를 들은 카밀로는 "모흐센, 민희 점심값은 내가 대신 낼게. 혹시 모르니까 이란 돈을 가지고 있는 게 좋을 것 같아."라고 말했고, 내가 "아냐! 그럴 필요 없어!"라고 외치자 모흐센이 "민희, 너 쉬라즈에 아는 사람 있잖아. 여행 경비는 지금 주지 말고 그 친구한테 부탁해서 계좌로 부쳐줘." 하며 내 손에 돈을 쥐여줬다.

나의 뭘 믿고 그냥 돌려주는 걸까? 배낭여행을 하는 우리에게 그 돈은 이틀 생활비였다. 적은 돈이라고 생각한다면 적은 돈이지만 그들의 배려는 값을 매길 수 없었다. 고작 며칠 함께 했잖아. 이번 헤어짐만큼은 울지 않을 줄 알았는데 이미 시야가 뿌옇게 흐려지고 있었다. 긴 시간 버스에서 먹으라며 귤이며, 과자며 바리바리 싸주는 케티와 카밀로. 비상시에 연락하라고 몰래 내 핸드폰 요금을 충전해놓은 모흐센을 보며 어떻게 울컥하지 않을 수가 있을까.

버스 앞에서 눈시울이 붉어진 케티를 바라보며 덩달아 울기 시작했다. 우리들은 바보마냥 울면서 웃었다.

"야! 우리 영원히 헤어지는 것도 아니잖아! 꼭 다시 만나자!!"

서로를 꼭 감싸 안으며 바보 4인방은 그렇게 버스가 떠날 때까지 울며 웃었다.

우리가 같은 날, 같은 시간에 동일한 장소에 있을 확률이 얼마나 될까. 매 순간마다 다를 이 수많은 우연들은 겹겹이 쌓여 좋은 사람들을 만나게 했고, 이란을 사랑할 수밖에 없도록 만들었다.

처음 만났던 그때에 인사를 건네지 않았더라면, 너희와 여행을 함께하지 않았더라면…, 우리의 인연은, 내 사랑스러운 이란은 없었을지도 몰라. 우연이 반복되면 인연이고 운명이라 부른다던데 결국 그 운명은 나와 너희가 함께 만들어낸 것이었다.

나는 당신을 만나려고,
당신을 만나 행복하려고,
그 힘든 시간들을 견뎌내 왔나 보다.

✦

네 말 한마디,
한마디에 나는

한국에 돌아가면 초중고를 보낸 나의 동네에 가고 싶다. 동네에서 술을 마시고 싶다.

"네 잘못이 아니야. 네가 상처받는 원인을 너에게서 찾지 마. 그건 그 사람들 잘못이야. 네가 옳아."

윤아 언니, 언니는 알까? 같은 과도 아니고 그냥 오고 가며 인사만 했던 언니의 말 한마디가 내겐 엄청난 위로였다는 거. 고등학교를 벗어나고도 늘 스스로를 미워하고, 아파하고, 또 상처받기를 반복했다. 누군가와의 관계에서 조금이라도 틀어지면 내가 잘못한 건 아닌지 초조하고 무서웠지만, 마음을 고쳐먹기로 다

짐했다. 스스로를 사랑하지 않는 사람만큼 바보는 없다고, 내게 먼저 다가와 준 사람들에게 미안한 일이고, 나를 사랑해주는 사람에게만 신경 쓰기에도 짧은 인생이라고, 그렇게 생각했다.

머리로 깨달았고, 가슴으로도 느꼈지만 그래도… 그래도 또다시 상처받을까 봐, 길 가다 마주칠까 봐, 두려웠다. 여전히 동네에서 무언가를 한다는 게 무서웠으니까. 이름도 잘 몰랐던 고등학교 애들을 봐도 심장이 쿵쾅거렸으니, 그 애들을 마주하고 아무렇지 않을 자신이 없었다. 내 마음을, 내 학창 시절을 갈기갈기 찢어버렸던 걔들은 저렇게 아무런 죄책감 없이 잘 지내는데, 왜 나만 아직까지 아파하고 무서워해야 할까 억울했었다.

그랬던 내게 하루는 하리 언니가, 하루는 인희 언니가

"고마워. 덕분에 좋은 사람들 만나서. 네가 좋은 사람이라 네 주변에 좋은 사람들이 가득한 거야."

라고 이상하리만큼 언니들은, 친구들은, 내 사람들은 나에게 같은 말들을 해줬다. 와! 난 당신에게 좋은 사람이구나, 고마운 사람이구나. 내 이름이 이렇게 기분 좋은 단어였구나. 더 좋은 사람이 되고 싶다. 계속 고마운 사람이 되고 싶다. 그런 생각만 마구 들게끔.

누군가 내 편을 들어주거나 날 좋아한다고 하면 '왜 나 따위를?' 하는 의심으로 가득 찼었지만, 어느 순간부터 문자 그대로의 마음을 받아들이기 시작했다. 말 한마디에 텍스트 몇 바이트에 쉽게 상처받고 그 상처를 꼭꼭 곱씹는 악취미를 가졌었지만 윤아 언니가 내게 해준 그 말 한마디가 내 가슴 속에 살아남아 뻥 뚫린 바닥을 메워주어서, 내게 예쁜 말 한마디, 눈빛 한 줌씩 쥐여 준 이들이 많아서, 이젠 내 안에 사랑 가득한 말들로만 가득 차서, 단단해졌나보다.

그때도 지금도 난 정말 많은 사람에게 도움을 받고, 행복을 받고, 사랑을 받고 있네. 네가 없었더라면 나는 열일곱 그 자리에 멈춰 잿빛 하루를 보내고 있을 거야. 고마워. 동네로 돌아갈 수 있게 만들어줘서. 이젠 정말 아무렇지도 않을 것 같아.

한국에 돌아가면 나, 이렇게 잘살고 있단다 하고 술 한 잔을 벌컥 들이킬 테다.

- 이 글을 읽는 당신에게

넌 나에게, 누군가에게 네가 생각하는 이상으로 정말 소중하고 가치 있는 사람이야. 예쁜 것들만 눈에, 귀에, 마음에 담기에도 아까운 시간. 모든 것을 사랑하며 보내자.

그거 알아? 오늘 우리가 먹는 이 음식 덕분에, 신선한 공기 덕분에, 예쁜 하늘 덕분에, 옆에 있는 가족·친구들 덕분에 우린 행복해질 이유가 참 많다는 거.

너무 아프고 힘든 시절에 '나는 절대 부서지지 않을 거야'라고 대뇌이며 일기장에 써내려가곤 했어. 지금의 난 부서지지 않았고 오히려 단단해졌지.

나도 그랬으니까, 너도 꼭 그렇게 될 거야.

여태까지 잘 견뎌주고 버텨줘서, 그리고 이 땅에 태어나 나에게 하나뿐인 네가 되어줘서 고마워.

9

✦

달콤한 세상,
달콤한 우리

1.

새해를 알리는 제야의 종소리가 뎅~ 뎅~ 울려 퍼질 때 매번 같은 소원을 빌곤 했다.

'이 세상 사람들 모두가 행복해지게 해주세요.'

이 세상 사람이라는 범주 안에는 나를 비롯한 내 가족, 친구, 내 사람들, 심지어 내가 싫어하는 사람까지 포함되어 있다. 얼핏 이타적으로 보이는 이 소원은 사실 나를 위한 이기적인 소원이다.

나도 사람이니까 누군가가 밉고 싫지만 누군가를 싫어하고 증

오하는 마음을 느낄 때 행복하다고 표현하지는 않으니까, 소원이 이루어진다면 미워하는 마음도 사라지지 않을까. 그럼 난 편안한 마음으로 모두를 사랑하기만 하며 살 수 있겠지.

2.
"돈 벌고 싶다!"

내 몸의 온도보다는 조금 더 시원한 카타르의 바닷바람을 맞으며 자펠과 함께 해변을 걸었다.

"살면서 많은 사람의 도움을 받아왔는데 이번 여행에선 유난히 더 많은 도움을 받은 것 같아. 내 친구들부터 이름 모를 사람들까지 말야. 그래서 지금 네가 나한테 해주는 것처럼 내 친구들이 한국에 놀러왔을 때 나도 뭔가 해줄 수 있는 사람이고 싶어. 받기만 하는 사람이 되는 건 싫다구. 나 혼자 살기엔 큰돈이 필요치 않지만, 누군가를 도와줄 수 있는 능력을 갖고 싶어. 그래서 돈 많이 벌고 싶다. 헤헤."

멍청한 표정으로 웃으며 말하는 나를 빤히 쳐다보던 자펠은 "네 생각은… 넌 참 달콤한 사람이야."라고 대답했다.

"그래? 이런 생각이 달콤한 거라면 나는 너도 달콤해졌으면 좋겠어. 모두가 서로를 돕고 사랑할 수 있는 삶이었으면 좋겠다. 다른 사람들도, 그리고 그 사람들에게 도움을 받을 또 다른 사람들도. 계속 퍼져 나간다면, 그럼 내가 사는 이 세상은 달콤함으로 가득 차겠지?"

허무맹랑하고 그저 이상적인 소리라고 할 수도 있겠지만 난 그렇게 믿고 싶은걸. 그런 세상이 되면 제일 행복한 사람은 내가 될 테니까 말이야. 미래의 내 자녀와 내가 모르는 먼 훗날의 사람들을 위해서가 아니라 나를 위해서, 내 행복을 위해 세상이 조금 더 달콤해졌으면 좋겠다.

3.

나 하나 꽃 피어

나 하나 꽃 피어
풀밭이 달라지겠냐고
말하지 말아라

네가 꽃 피고 나도 꽃 피면
결국 풀밭이 온통
꽃밭이 되는 것 아니겠느냐

나 하나 물들어
산이 달라지겠느냐고
말하지 말아라
내가 물들고 너도 물들면
결국 온 산이 활활
타오르는 것 아니겠느냐

- 조동화 -

✦

세 얼간이와
생일 파티

생각지도 못했던 카타르라는 나라에 오게 된 건 그냥, 생일 파티를 열어준다는 여기 세 얼간이 보니, 티지, 자펠 때문이었다. 조지아 카즈베기 게스트 하우스에서 만났던 우린 가끔씩 SNS로 연락을 이어가고 있었다. 사람을 새로 사귀는 일에 조금씩 지쳤던 난 생일만큼은 원래 알던 사람들과 보내고 싶었고, "카타르에 오면 생일 파티 열어줄게!" 하는 자펠의 말을 덥석 물어 카타르 도하에 와버렸다.

내 생일이라 휴가를 냈다는 보니의 생색을 들으며 도하 시내로 향했다.

"우리 어디 가는데? 벌써 저녁이야 배고파."

"미니미니, 기다려봐. 잊지 못할 생일을 만들어줄게! 서프라이즈가 기다리고 있어!"

분위기 좋은 펍에 도착해 간단한 안주와 술만 시켰다. 배가 고프다며 더 주문하자고 했지만 입을 모아 서프라이즈가 기다리고 있다며 차로 갔다.

"진짜 넌 이번 생일을 절대 못 잊을 거야."

아 그래. 알겠다고 친구들아. 밥은 대체 언제 먹는 거야. 그리고 누가 서프라이즈를 미리 말하냐! 나는 여자 친구가 생기면 서프라이즈라고 미리 말하지 말라며 아이들과 함께 알 수 없는 곳으로 향했다.

GPS를 보니 아무것도 없다. 대체 어딜 이렇게 오래가는 거냐며 꼬치꼬치 캐묻자 그제야 실토했다. 사실 사우디 방향의 사막을 가는 거라고.

"생일이니까 서프라이즈하게 밤샐 거야!"

이 미친놈들이, 사막에 가면 미리 말해줘야 뭘 챙기지! 양말도 안 신고 왔구만. 사막의 밤은 정말 춥다고! 아이들은 재킷도, 담요도, 휴지도, 심지어 바비큐를 해먹을 숯은 가져왔지만 불은 가져오지 않았다. 아이고, 배고프고 추워서 죽겠구나.

휑한 사막의 모래 위에 둥그렇게 앉아 불을 붙이려 안간힘을 썼다. 라이터만으로 숯에 불을 붙이려고 노력하는 몇 시간 동안 극한에 다다른 배고픔에 짜증이 목까지 솟구쳤다가 어이없는 이 상황에 웃음이 터져버렸다.

진짜 어설프다 어설퍼! 귀엽고 웃긴다! 그래, 너희 덕에 정말로 잊지 못할 생일이 될 것 같아. 겨우 불이 붙은 후에 아이들은 눈을 감으라 했고, 전혀 놀랍지 않은 서프라이즈 생일 파티가 시작됐다. 조그만 머핀에 초 대신 꽂힌 담배, 숯에 그을린 고기, 헤헤 웃는 너희의 얼굴 그리고 생일 노래. 차가운 발가락을 꼼지락거리며 나는 가장 행복한 얼굴로 웃었다.

"고마워, 서프라이즈한 생일 파티!"

후우우우우웁. 숨을 깊게 들이마시고 "야~~~~"하고 외쳐보는데 보니가 텁 내 입을 틀어막았다. 나는 눈을 똥그랗게 뜨고 그를 쳐다보았다. 보니는 고개를 절레절레 저으며 얘기한다.

"사막에 외국인 여자 한 명이랑 남자 셋이 있는 걸 보면 경찰이 이상하게 생각해서 잡아갈 거야. 사실 너 재워주면서도 자펠이 걱정했었어. 카타르는 돈 받고 집에 손님 받는 거 불법인데

국적, 성별이 다르니까 친구라고 해도 안 믿어 줄 거거든. 이 나라 법이 좀 이상해."

마음이 저릿하다. 내가 너희의 리스크였다니, 고마움과 미안함이 뒤엉켰다.

"그렇다고 너무 심각하진 말라고~ 우린 네가 좋아서 초대한 거니까!"

여태 봐온 사막의 밤에 비하면 별도 참 적고 춥고 배고픈 밤이지만, 이 엉성한 서프라이즈는 평생 잊지 못할 생일 선물이 될 것 같아. 고마워 정말로. 태어나길 진짜 잘했다!

"여러모로 진짜 잊지 못할 것 같아! 헤헤!"

동이 트고 날이 따듯해지면 이곳도 안녕이네.

아, 떠나기 정말 싫다.

헤어짐은 익숙해지지도 않는구나.

나의 스물다섯 번째 생일 케이크

10

✦

그녀는 왜
김종욱을 찾지 않았을까

인도 맥그로드 간즈에서 만난 언니는 이 게스트 하우스에 한국인이 있다는 소문을 들었다고 했다. 나는 언니에게 "여기에 한국인이 있다면 한국어로 인사하면 나오지 않을까요?" 하고는 텅 빈 복도를 들어서며 손을 번쩍 들고 외쳤다.

"안녕하세요~!" 하는 순간, 한 남자와 눈이 마주쳤다. 절반 정도 열려있는 방문 틈 사이, 흰 침대 위에 앉아있던 그는 어리둥절한 표정과 함께 머리를 긁적이며 방문 밖으로 나왔다.

"아! 네 안녕하세요."

헝클어진 머리와 커다란 티셔츠, 펑퍼짐한 알라딘 바지. 자유분방해 보이는 그의 차림은 전형적인 장기 여행자를 연상시켰지만 새하얀 그의 피부를 보자니 나온 지 얼마 되지 않은 것 같기도 했다. 인사한다고 한국인을 정말 만날지는 몰랐지. 나와 언니는 조금 멋쩍은 이 상황에 서로 얼굴을 보고 꺄르르 웃고는 점심때이니 밥이나 먹으러 가지 않겠느냐 물었다. 그는 고개를 끄덕였다. 길 위에선 인사 한마디에 친구가 될 수 있으니까 그리 신기한 일은 아니었다.

쌔파란 하늘에서 쨍한 햇볕이 쏟아진다. 거세게도 내리쬐지만 이곳의 온도를 데우기에는 역부족이라 여러 겹을 껴입고 다닌다. 그의 발길을 따라 알록달록한 음식점에 앉았다. 커다란 난(빵)을 쭉 찢어 인도향이 모락모락 나는 커리에 푹 찍고는 오물오물 씹어 삼킨다. 입안에 남은 얼얼한 매움을 달래러 달짝지근한 라씨(요거트)도 마신다. 아! 좋아라. 내 앞에서 커리를 먹는 그는 이상한 모양의 반지와 팔찌, 그리고 이곳 맥그로드 간즈를 좋아했다. 시간이 많다면 이곳에서 오랫동안 머물고 싶다고 했지만 비자가 얼마 남지 않아 버킷 리스트를 이루기 위해 조드푸르로 떠나야 한다고 했다.

딱히 할 일이 없었던 난 그가 기차표를 구하러 다니는 것을 따라다녔다. 여행사를 들르길 여러 번, 운이 좋다면 모레 조드푸르로 가는 직행열차를 탈 수 있다는 소식을 얻었다. 가만 멍을 때리다 생각 없이 내뱉었다.

"음, 나도 갈래."

그는 처음 마주쳤던 그 얼굴로 나를 바라보곤 "그래. 같이 가자."고 대답했다. 뭐랄까, 여기가 싫은 건 아니다. 다만 몇 개월간의 떠돌이 생활에 지쳐 안식을 찾을 수 있는 공간이 필요했고, 그게 여기가 아니었을 뿐이다. 그 공간이 어디냐고, 뭐냐고 묻는다면 사실, 그 또한 모르겠다. 그냥 맘이 그랬다.

아직 동이 트지도 않은 꼭두새벽, 묵직한 배낭을 메고 버스 정류장으로 나섰다. 여기저기 헤진 마을버스에 앉아 헤드뱅잉을 하다가도 깜짝깜짝 깨서는 여기가 어딘지 지도를 확인했다.

"어, 여기야. 우리 내려야 해!"

나는 그를 흔들어 깨웠다. 그는 잠이 덜 깬 표정으로 아직 도착하지 않았다고, 내리지 않아도 된다고 했다. 아무도 내리질 않는데, 정말 여기가 아닌가? 나도 초행길이지만 얘도 초행길인걸.

"여기가 확실해, 내리자!"

나는 그에게 날 믿으라며 짐을 챙겨 황급히 내렸고, 다행히 우리가 원하던 기차역 근처였다. 아무래도 여행 짬밥은 내가 더 많이 먹은 모양이다.

가만 걷고 있으니 커다란 시선들이 내게로 박힌다. 앞뒤로 짐을 멘 내 위아래를 찬찬히 뜯어보더니 이내 옆에 있는 그에게로 향한다. 쓱 훑어보곤 시선을 고정한 채로 제 할 일들을 한다. 아무도 내가 혼자 다닐 때처럼 다가와 집요하게 말을 걸지 않는다. 그와 눈을 마주치고 대화할 땐 몰랐는데, 옆에 서니 키도 덩치도 제법 큰 편이다. 홀로 걸어본 사람은 알 거다. 누군가와 같이 걷는다는 것, 존재 자체만으로 든든하다는 것을.

우리는 기차를 기다렸다. 기차가 오고, 좌석을 찾아 수많은 사람들이 지나갔을 짙은 세월이 묻은 좌석에 앉았다. 저 아기 참 귀엽다, 우리 참 꼬질꼬질하다, 아 배가 고프다 하며 별것 아닌 이야기들로 이 순간을 나누다 보니 해가 저물었다.

"영화 볼래?"

노트북 속에는 그의 버킷 리스트가 들어있었다.
'조드푸르에서 김종욱 찾기 보기'

소박하기도 하지. 아직 조드푸르로 향하는 중이지만 타인의 버킷 리스트에 참여하고 싶어 고개를 끄덕였다.

우리 자리는 천장과 맞닿은 3층 침대(라고 부르기엔 낡아빠진 좌석, SL). 함께 영화를 보기 위해 비좁은 자리에 나란히 앉았다. 새까만 어둠 속, 모두가 잠자는 불이 꺼진 기차 안에서 이어폰을 한 짝씩 나눠 끼고 같은 화면을 응시했다. 예전에 분명 '김종욱 찾기'를 봤었는데 이 영화의 배경이 조드푸르인 줄은 몰랐다. 그만큼 관심이 없었던 거겠지.

보통의 인도를 떠올리자면 쓰레기가 나뒹구는 거리나 매캐한 냄새를 떠올리겠지만, 이 영화에선 향기가 난다. 아침 햇살 내리쬐는 흰 침구의 포근한 섬유유연제 향. 아니, 이 영화에서 나는 게 아니라 내 옆에 앉은 사람에게서 나는 향이었다. 향수를 뿌린 걸까? 온종일 밖에 있어 씻지 못한 건 둘 다 매한가지인데 왜 이 사람에게서는 향기가 날까? 비좁아서 맞닿은 어깨가 문득 부끄러워졌다. 영화는 동화처럼 현실감 없이 달달했고, 그 달짝지근함은 상영이 끝난 후에도 내 자리를 맴돌았다.

화장실에 다녀온 그가 저쪽에 기차의 문이 열려있다며 불렀다. 우리가 탄 기차는 오래된 나이만큼 휘청거리며 달렸고, 문밖의 세상은 위태로워 보였다. 이미 바깥세상을 한차례 구경했던 그는 자신이 잡고 있어 줄 테니 걱정 말고 보라고 했다. 문밖으로 아주 살짝, 고개를 빼꼼 내밀어 하늘을 봤다. 매섭게 바람이 치대지만 별들이 박혀있는 하늘은 여전히 현실감 없게 느껴진다. 단디 잡힌 내 팔뚝의 온기마저도. 왠지 열이 나는 것 같아.

조드푸르에서도 나나 그나 딱히 정해진 계획이 없었다. 길을 걷다 만난 아이에게서 헤나를 받고, 구석구석 정처 없이 길을 걷다 식당으로 향했다. 조드푸르가 한눈에 보이는 자리에 앉아 밥을 먹으며 성 위에 올라가면 노을이 아름답다는데 갈 거냐고 그에게 물었다.

"넌?"
"나는 귀찮아서 안 갈래."
"그럼 나도."

우리는 성 위의 아름다운 일몰 장면 대신 앞으로의 생에 대해 나눴다. 그는 언제 집으로 돌아갈지 모르겠다고 했다. 원하는 것을 찾을 때까지 세계를 유랑하고 싶다고 했다. 그래서 결혼은 할 수 있을지, 못할 수도 있을 거라며 허허 웃었다.

나는 집으로 돌아가고 싶다고 했다. 다시 이렇게 길게 나오기 어려울 거란 걸 알아서 돌아가기 싫지만 한군데 정착하고 싶어 돌아가고 싶다고, 예쁜 인연들을 만나 감사하고 행복하지만 그만큼 헤어지는 게 힘이 든다고, 지쳤다고 말이다.

조드푸르의 밤공기는 맥그로드 간즈의 것과 비교되지 않게 선선했다. 일련의 대화와는 상관없이 느릿하고 포근한 이 공기가 좋았다. 느끼한 버터 치킨 커리도, 달달한 콜라도, 숙소 위 옥상에 앉아 같이 조드푸르의 불빛을 바라보는 일 또한 좋았다. 평온했다. 누가 내게 조드푸르를 좋아하느냐고 묻는다면 조금 망설일 것 같지만, 조드푸르에서의 시간이 좋았느냐고 고쳐 묻는다면 망설임 없이 그렇다고 할 것 같은, 그런 날들이었다.

그는 내게 알 수 없는 힌디어가 적힌 열쇠고리를 주고 떠났고, 나는 여전히 인도를 떠돌았다. 조드푸르에서의 '좋았던 시간'을 늘리고 싶었다면 방법은 간단했다. 내가 그를 따라가거나 그에게 인도에 다시 오라고 하거나. 그 한마디면 인연을 이어가기에 충분했지만 그러지 않았다. 솜사탕처럼 크게 부풀어 오른 이 달콤함이 물 한 잔 쏟아지면 사르르 형체 없이 녹아버릴 것 같아서, 잠깐뿐일지도 모르는 불완전한 감정에 남은 여정을 맡길 수가 없어서, 그렇게 일기장 한구석으로 고이 접어 담았다. 가끔씩 예뻤던 그때를 꺼내볼 수 있도록.

आई
लव
यू

✦

민구

인도에 도착한 뒤로 병에 걸렸다. 오랫동안 여행하면 걸린다는 '어딜 가도 감흥이 없는 병'을 시름시름 앓았다. 해서 목적지가 없던 내게 인도에서 만난 친구는 민구네 집에 갈 것을 제안했다. 인도를 여행하는 한인들 사이에서 강민구는 나름 유명 인사였다.

'100인 무료 숙박'이라는 프로젝트를 진행하고 있는 동갑내기 친구. 지금의 나처럼 혼자 여행을 다니며 많은 이들에게 도움을 받았고, 그 도움을 다시 베풀기 위해 이런 프로젝트를 시작했다는 것이다. 델리에서도 한 시간을 더 가야 하는 그의 동네 구르가온은 그냥 한국이었다. 한국에서나 볼 법한 2개의 방과 큰 거실이 딸려있는 아파트. 그곳에서 민구는 여행자들을 맞이하고 있었다.

사실 민구는 내게 프로젝트에 대해 구구절절 설명한 적도, 자신의 여행이나 자신이 어떤 사람인지에 대한 이야기를 일체 하지 않았다. 해서 아무것도 몰랐지만 굳이 설명하려들지 않는 민구가 오히려 편하게 느껴졌고 "푹 쉬고 가."라는 말에 정말 아무 생각 없이 2주 동안 머물렀다. 아무것도 하지 않고 온전히 내 안의 독소를 비워내면서. 이 시기에 만난 민구라서, 비슷한 시간들을 지나왔을 그라서 얼마나 고마웠는지 모른다.

꽤 긴 시간 동안 집을 떠나 방랑하는 일은 내 몸과 마음을 야금야금 갉아먹었고, 무엇보다도 사람과 만나고 다시 '헤어지는 것', 그리고 그들과 다시 만나기 어렵다는 지독한 사실이 나를 더 지치게 만들었다. 만약 민구가 한국인이 아니었더라면 나는 그 어려움과 또다시 마주했을 것이고, 그냥 호스텔에서 쉬었다면 하루하루 소진되는 숙박비를 보며 뭐라도 해야 한다는 강박에 사로잡혔을 테지. 그래서 민구의 존재가 더 고마웠고, 과거의 그에게 도움을 줬을 이름 모를 사람들에게도 감사했다.

살다 보면 여행이 아니더라도 누군가에게 도움을 받게 된다. 받은 것을 베풀고자 하는 마음도 품게 되고. 허나 그 일을 실제로 행하는 것은 생각보다 어렵다. '내가 조금 더 안정되면' 하자고 미래의 나에게 떠넘기게 되니까. 그래서 민구가 더 좋았다. 어떤 이에게 선한 영향을 끼치는 일을 마음에만 품고 사는 나와 달리 이미 나누고 있는 사람이니까. 심지어 동갑이라는 사실이 날 부끄럽고, 부럽게 만들었다.

✦

어른이 될 용기

"민희야, 나 합격했어!!"

기분 좋은 목소리가 핸드폰 너머로 들려왔다. 친한 친구 예림이가 원하는 기업에 붙었다는 소식. 알고 지내던 분도, 또 건너 친하지 않은 친구도, 합격했다는 뉴스가 속속 들리기 시작했다. 민구네 머무는 동안에도 종종 인도에서 일하는 한국인들을 만날 수 있었다.

'바다 건너 이곳에도 제 몫을 해내며 살아가는 사람들이 많구나.'

문득 이 여행을 떠나오게 된 시발점을 곱씹었다. 맞아, 나 원래 회사에 다니고 싶어서 영어를 배우던 참이었지. 사회에서 일인분의 몫을 해낼 수 있는 어른이 되려고 말이야. 스무 살이 되었다고 뚝딱 어른이 되는 건 아니었다. 법적으론 성인이었지만 술과 담배를 살 수 있다고 어른이라 칭하기에는 정신도, 경제력도 여전히 부족한 미성숙한 존재였다.

난 예림이가 어른으로 가기 위해서, 원하는 걸 쟁취하기 위해 얼마나 많은 고생을 하고 힘들어했는지 알고 있다. 뚜렷한 목표가 없는 내게 '회사의 일원이 되기까지의 과정'은 여행을 떠나는 것보다 큰 두려움이었다. 결국 닿지 못할 수도 있는 곳을 향해 내딛는 발걸음이 얼마나 무거웠을까. 어쩌면 난, 그곳에서 도피한 것일지도 모르겠다. 그래서 반복되는 헤어짐에 지쳐있으면서도 선뜻 집으로 돌아갈 수 없었나 보다.

예림이와 SNS 속의 사람들은 내게 박수를 보냈다. 어떻게 그렇게 긴 시간 동안 여행할 용기가 났냐고 하면서. 부럽고 멋지다는 그들의 말에 마냥 기뻐할 수 없었던 건 사실 난 당신들을 동경하기 때문일 거야. 직장인은 내게 자신이 용기가 없어 떠나지 못한다며 속상하다고 이야길 했지만 글쎄, 나는 버텨낼 용기가 없었던 걸. 우리는 서로가 갖지 못한 타인의 삶을 동경하는 게 아닐까. 나는 일을 하는 것보다 여행을 하는 게 더 쉬웠던 거고, 당신은 그 반대인 거고.

우직하게 자신의 자리에서 하루하루를 헤쳐나가는,
어쩌면 버텨내고 있을 수많은 인생들에게 찬사를 보냅니다.
일하는 당신도 충분히 누군가의 동경의 대상이란 걸
잊지 않았으면 해요. 당신의 미래를 위해, 부양할 사람을 위해,
또 다른 가치를 위해, 모질고 힘든 일터 속에서
꿋꿋하게 견뎌낼 수 있다는 건 용기 있는 사람이란 거니까요.

✦

흔들리는
스물다섯

불닭볶음면을 먹었다. 한국에서의 난 분명 매운맛을 맛있어 했는데 맛있지가 않아. 그냥 맵다. 입술, 혀, 뱃속까지 그냥 얼얼해. 세어보지 않아 몰랐지만 이번 여행은 어느덧 5개월 가까이를 달리는 중이었다. 내 몸의 반응이 바뀔 만큼 오랫동안 한국을 나와 있었구나.

12월, 올해의 끝자락에 선 나의 스물다섯은 곧 스물여섯이 된다. 스무 살의 내게 스물여섯은 큰 어른 같았는데 지금의 난 어른이라기엔 많은 것이 부족하다. 남을 도울 수 있는 경제력은커녕 당장 써야 할 밥과 방값을 헤아려야만 하는, 오히려 도움을 받으며 여행하는 사람. 그게 스물다섯의 나였다.

이 생활이 행복하다가도 치열하게 지내는 또래 친구들을 보면 난 더 노력해야 하는데 하며 조급해졌고, 꼭 치열하게 살아야만 하는 건지, 느리게 살아도 되지 않을까, 이 생각 저 생각이 마구 엉켜버려 내 마음이 무엇을 원하는지 갈피를 잡을 수 없었다.

어렸을 때부터 그랬다. 모든 것이 하고 싶었지만 다르게 말하면 뭐 하나 확고하게 하고픈 일이 없었다. 늘 뚜렷한 장래희망이 있다거나 부모님이 직업을 정해준 아이들이 부러웠다. 난 여러 갈래의 길을 모두 갈 수 있지만 그 자유 덕분에 역설적이게도 어느 길도 걸을 수 없었다. 온 힘을 다해 뛰어갔는데 '이 길이 아니면 어떡하지, 다시 원점으로 돌아갈 힘조차 남아있지 않으면 어떻게 하지?' 하는 두려움에 더욱 혼란스럽고 선불리 발을 뗄 수 없었던 것이다.

구르가온을 떠나 바라나시로 왔다. 강가에 앉아 가만히 겐지스강을 쳐다보았다. 자신의 길을 따라 흐르는 저 강은 평화로워 보였지만, 그 위를 표류하는 나뭇잎들은 작은 파동에도 거세게 흔들리며 위태로웠다. 아니 위태로워 보였다. 허나 그 작은 나뭇잎들은 계속해서 가던 물줄기를 따라 나아갔다. 꿈이 없는 나만 흔들리고 있던 게 아니었다. 정해진 방향을 나아가는 이들조차도 저 나뭇잎처럼 위태로웠을 것이다.

생각 없이 살면 사는 대로 생각하게 된다는데 이대로 생각만, 고민만 한다면 아무 일도 일어나지 않을 거야. 해서 나는 가봐야겠다. 하나씩하나씩 지워가며 걷다 보면 언젠간 내 길을 발견할 수 있겠지. 겁먹어도 된다. 방향을 아는 이도, 모르는 이도, 누구에게나 걸어보지 않은 길은 두려운 법이니까. 언젠가는 내 모든 점이 이어져 선이 되고, 면이 될 거야.

✦

게으름의 업보

조지아와 카타르에서 만났던 자펠이 휴가를 맞아 고향인 벵갈루루에 간다고 해 다시 한 번 만나자며 나도 휴가 날에 맞춰 남인도로 이동하기로 했다. 여기 바라나시에서 벵갈루루까지는 꼬박 하루 넘게 걸리는 긴 거리였다. 어젯밤 11시에 출발한다던 기차는 21시간쯤 연착이 됐다. 인도에서 기차 연착은 늘 있는 보편적인 일이라 어플로 기차 시간을 체크하다 더 연착되겠지 싶어 뭉그적뭉그적 기차역으로 향했다.

그런데 숙소에서 기차역까지 예상보다 차가 너무 막힌다. 초조하게 시간만 들여다보다 내려 마구 달리기 시작했다. 마지막으로 확인했던 기차 도착 예정 시간은 3시 28분, 지금은 3시 25분. 인터넷이 되지 않아 어플을 확인할 수 없어 마음이 조급해

져 왔다. 1229… 1229… 어디 있지? 전광판을 한참 뚫어져라 쳐다봤는데도 내 열차는 보이지 않는다. 지금이 기차 도착 시간이니까 정차한 기차를 확인하면 될 거야. 여긴 크지 않으니까! 커다란 패딩을 껴입고 앞뒤로 배낭을 멘 나는 뒤뚱거리며 허겁지겁 달렸다. 저기, 정차되어 있는 기차가 보인다.

"이거 벵갈루루 기차에요? 벵갈루루! 벵갈루루!"

땀범벅이 된 나에게 인도인들은 일제히 고개를 끄덕이며 "예스."라 말했고, 얼른 기차에 올라타라는 손짓을 했다. 기차에는 콜카타라고 적혀 있었지만 기차 안의 승객들도 모두 이 기차가 맞다고 하니 경유해서 가는 모양이었다. 숨을 고르며 내 좌석을 확인하는데 웬 남자가 누워있었다.

"여기 제 자리에요. 24번."

갸우뚱하는 그의 티켓과 내 티켓을 대조해 보니 똑같은 자리였다. 그는 티켓을 유심히 쳐다보더니 뭔가 알았다는 표정으로 말했다.

"이거 콜카타 기차야. 벵갈루루 아니야."

어, 뭐지? 방금까지만 해도 다들 벵갈루루에 가는 기차라고 했잖아! 시간 내에 무사히 탔다고 안도했는데 엉뚱한 기차라니!

이미 시곗바늘은 28분을 지난 후였다. 뜀박질을 멈추지 않으며 다른 곳에 정차해 있는 모든 기차를 타봤지만 벵갈루루행 기차는 그 어디에도 없었다. 온몸은 땀으로 흠뻑 젖었고 현기증이 났다.

'나 기차를 놓친 걸까? 떠나는 기차 목적지를 전부 확인했는데…, 조금만 더 일찍 나올걸. 이거 놓치면 자펠이랑 못 만나는데…'

기차를 놓쳤다면 다른 날에 타면 된다. 문제는 이 기차를 타지 못한다면 자펠과 한 약속을 지키지 못한다는 사실이었다.

'아냐. 난 안 놓쳤을 거야. 내 운을 믿자. 난 항상 운이 있는 사람이었으니까! 다시 차근차근 전광판의 플랫폼 번호부터 확인하자.'

또다시 계단을 오르락내리락하며 전광판으로 갔지만 여전히 내 기차 번호는 보이지 않는다. 벌써 도착 시간이 30분이나 지났는데 말이다. 조금 더 일찍 나오지 않은 나를 원망하며 내 몸을 옥죄는 무거운 패딩과 짐들을 전부 집어 던지고 바닥에 앉아 엉엉 울고만 싶어졌다.

그때였다.

"원투투… 벵갈루루 벵갈루루" 원투투? 내 기차 번호잖아? 엇, 지금 내 기차가 들어오나 봐! 황급히 플랫폼으로 달려가며 몇 번으로 기차가 들어오는 것인지 들어보려 했지만 영어도 아닌 알 수 없는 언어로 말하는 안내 방송을 이해할 수 없었다. 마음이 급해진 나는 아무나 붙잡고 물어보기 시작했다.

"벵갈루루 몇 번 플랫폼이에요? 이 안내 방송 번호요!"

사람들은 저마다 다른 곳을 가리켰고 지나가던 한 남자는 6

번이라고 말했다. 번호를 말한 사람은 그뿐이었기에 붐비는 다리 위 수많은 인파를 뚫고 6번으로 달렸다. 한 기차가 역으로 들어오고 있었다. 멀리 떨어져 있어 목적지를 읽을 수 없었고, 초조한 마음만큼이나 내 발걸음은 점점 더 빨라졌다. 그리고 서서히 내 시야에 목적지 이름이 들어오기 시작했다.

'Bangalu City'

"맞네! 맞네! 내 기차야!"

세월의 때가 묻어 회색인지 하늘색인지 분간 가지 않는 그 기차가 그렇게 반가울 수 없었다. 24번, 내 자리로 찾아가 거친 숨을 내뱉으며 패딩, 가방, 모든 짐 덩어리를 자리에 내던지고 그대로 누웠다. 활활 타버린 내 몸은 생명이 다한 양초처럼 그대로 녹아내려 버렸다.

✦

사랑하는 곳

인도 남서부에 위치한 함피라는 도시는 '세상에 없는 풍경'을 가졌다고 했다. 이상하다 싶은 곳을 많이 봐왔기에 웬만한 풍경엔 놀라지 않지만 함피는 정말이지 처음 보는 모습이었다. 사진에 담기지 않는 너른 광야에 위치한 초록빛. 그리고 인간에 비할 수 없는 거대한 바위로 이루어진 산들. 분명 처음 보는 광경인데도 마음이 마구 설레진 않았다.

어느 나라, 어느 곳을 가느냐보다 더 중요한 건 역시 마음가짐인가 보다. 영화 '어바웃타임'에서 퍼붓는 비바람을 맞으면서도 가장 행복한 결혼식을 올렸던 레이첼 맥 아담스처럼 결국 '사랑스러운 여행지'란 마음먹기 나름이었다. 모든 것이 낯설었던 첫 여행에는 매 순간이 두근거렸던 것처럼.

마음이 말랑해지는 순간이야말로
이곳과 사랑에 빠지는 순간.

아그라 타지마할, 파드마와 함께

✦

선물

모르는 이에게 그림을 받았다.

배시시, 온종일 웃음이 번졌다.

얼굴도 모르는 당신의 마음이 어여뻐서

그 마음을 받을 내가 귀하게 느껴져서

자꾸만 참지 못하고 행복이 새어나왔다.

Small Lassi
Big Lassi
Coconut Lassi
Papaya Lassi
Apple Lassi
Mango Lassi

11

✦

잊히지 않을 누군가

태국 쿤얌이라는 시골 동네에서 보수가 없는 봉사 활동으로 초등학교 저학년 아가들을 가르치는 영어 선생님이 되었다. 스무 살부터 이따금 맘이 힘들어지거나 자존감이 낮아질 때면 봉사 활동을 찾았다.

내가 너무 착한 사람이라 천사 같은 마음에서 봉사를 하느냐 하면, 그건 아니다. 처음 봉사를 시작했던 것도 별것 아닌 생각에서였으니까. 대학생이 되면 해보고 싶은 버킷 리스트 중 하나였고, 남을 돕는 일이니까 뿌듯하겠지, 선하게 보이겠지, 하는 조금 불순한 의도도 있었다.

이왕 하는 거 재밌는 건 없을까 하며 이리저리 봉사 사이트

스크롤을 내리다 '아동과 함께하는 캠프'라는 제목의 글에 시선이 꽂혔다. 아동보호기관에서 주최하는 학대 피해 아동 캠프의 보조 인솔 선생님 역할이었다. 그저 2박 3일 동안 두 명의 아이와 함께 놀고 케어해주면 되는 활동. 게다가 캠프 비용은 전액 지원된다는 말에 솔깃했다. 곧장 참가 의사를 밝혔고, 그렇게 생에 처음 선생님이라는 호칭을 얻었다.

두 명의 초등학생 여자아이와 짝이 되었다. 아이들은 평범한 내게 우리 선생님이 제일 좋다며 두 손을 꼭 잡곤 절대 놓지 않았다. 함께 맛있는 음식을 먹고, 물 썰매를 타고, 주위를 구경하고 뛰놀았다. 봉사 활동을 왔다는 생각보단 그냥 같이 여행 온 가족과의 일상 같은 느낌이었다. 금방 밤이 찾아왔고, 숙소에 나와 다른 봉사자 언니의 짝꿍 아이들이 두런두런 둘러앉았다. 그러곤 "엄만 날 싫어해." 라며 쪼끄만 아이의 입에서 나올 것 같지 않은 주제에 대해 이야기하기 시작했다. 아이들은 고개를 끄덕이며 엄만 우리들을 미워한다고, 원래 엄마랑 아빤 그런 거라고 했다.

"선생님, 선생님 우리 엄마 하면 안 돼요?"

나의 짝의 말에 "아냐. 엄마랑 아빠는 널 너무 좋아하고 사랑하시는데 아직 우리가 모르는 걸 거야!"라고 대답했다. 아이는 금방이라도 울 것 같은 표정으로 선생님이 자길 더 좋아해 준다며 시무룩해졌고, 나는 어떠한 말을 해야 할지 몰라 자그마한 몸을 꼬옥 안았다.

온 세상이 깜깜하고, 더 깜깜한 긴 새벽 동안 나와 같은 방의 봉사자 언닌 잠을 이룰 수 없었다. 눈빛을 주고받던 우린 소리 없이 문을 열고 나와 복도에 앉았다. 짧은 침묵의 순간이 이어졌고, 언니가 먼저 입을 열었다.

"우리가 이 짧은 시간 동안 저 아이들을 위해 무얼 할 수 있을까, 잘 모르겠어. 그저 함께 있는 시간만이라도 부모님과 친구들이 내게 대했던 것처럼 진심을 다해 사랑을 주는 것밖에."

언니의 말에 머리를 한 대 얻어맞은 것처럼 얼얼했다. 왜 나와 관계도 없는 아이들의 미소에 함께 기쁘고 슬펐던 건지에 대한 대답이었다. 삼시 세끼 매일 먹는 밥처럼 당연한 거라고 여겼지만 내가 보잘것없이 초라한 순간에도 내 가족은 나를 사랑했다. 어느 누군가는 날 아끼고 귀히 여겨주었으며, 몇 년이 지난 지금이 순간에도 내 곁의 누군가는 날 사랑해줬다.

그러니까 우리는 특별한 이유 없이도 사랑을 해왔다.

그냥 내가 몰랐을 뿐이지. 내 영화 속 지나온 모든 사람들은 해피엔딩이 될 수 있도록 한 명 한 명이 없어선 안 될 조연이었다. 나도 빛나는 마음을 받아 봤으니 줄 수 있었던 걸 거야. 그날을 기점으로 봉사 활동은 나를 특별한 존재로 만들기 위한 도구가 되었다. 멋있는 사람이고 싶은 나의 이기적인 욕심과 불순한 마음을 욕한다 해도 꾸준히 이어 가리라.

누군가에게 잊히지 않을 사람이고 싶다.

인생을 뒤흔들 만큼 큰 것을 줄 순 없지만, 가랑비에 젖는지도 모르게 내 사랑이 스며들어 예쁜 마음으로 꽉 찬 사람이 될 수 있도록. 지나가는 어느 날 "맞아. 그 사람도 내게 진심 어린 마음을 줬었지." 하고 떠올릴 수 있는 빛나는 조연이고 싶어서. 당신의 인생에 스쳐 지나가는 단역일지라도 아름다운 사람1로 남을 수 있다면 그것으로 족하다.

사랑,
보통의 인간을 특별한 존재로
만들어주는 일.

✦

시간으로 사는
시간

나의 젊은 시간을 팔아 얻은 돈으로

커피 한 잔을 샀다.

이곳에 머무는 시간을 샀다.

✦

그날의 유채꽃

한국에서는 '도깨비'라는 드라마가 한창 인기를 끌고 있었다. 드라마의 인기만큼 OST도 인기가 많아서 빠이에 지내는 내내 내용도 알지 못하는 드라마의 음악과 함께했다. 노란 유채꽃이 펼쳐진 들판에서 Lasse Lindh의 'Hush'라는 곡을 들었다. 그렇게 하루, 이틀, 얼마나 들었을까. 눈을 감고 Hush를 들을 때면 유채꽃밭이 머릿속에 그려졌다.

넓고 너른 들판에 살랑살랑 흔들리는 노란 유채꽃, 초록색 잔디, 적당히 부는 선선한 바람, 풀벌레들이 내는 조용한 소음, 따뜻하게 내리쬐는 볕.

특정한 향기를 맡을 때면 그곳의 온도와 기억이 떠오른다. 해서 향에는 힘이 있다고 생각했다. 소리도 같았다. 음악은 지나간 시간에 머무를 수 있게 해줬으니까. 많은 사람들이 OST를 좋아하는 이유는 그 때문일지도 모르겠다.

잠시 담아두었던 감정을 꺼내주어서,
유채꽃밭을 거닐던 그 날에 존재토록 만들어주어서.

✦
낮에도 뜨는 달

구름 한 점 없는 파란 하늘이 떴다. 이곳의 하늘은 맑아서인지 밝아서인지, 낮에도 항상 새하얀 반달이 떴다. 초록의 산과 들에는 저마다 다른 목소리를 가진 새들이 산다. 새들의 화음을 가만 듣고 있으니 엄마 생각이 났다. 시골을 좋아하는 우리 엄마가.

"우리 예쁜 딸랑구~ 전화했네!"

언제나 같이 밝고 명랑한 목소린데 나만 이 좋은 곳에 있다는 게 미안해서, 난 엄마의 어여쁜 공주님이지만 엄만 왕비로 만들어주지 못해서, 그냥 내 엄마라서, 코끝이 빨개지려 한다. 한참 수다를 떨던 엄마는 수화기를 떼고 거센 기침을 내뱉었다. 기침은 엄마를 잡아먹을 것처럼 지독하고 거대했다. 엄마의 시간을 멈출 수 있다면 저 속상한 기침 소리도 멈추게 할 수 있을까.

우리는 모두 젊었었다. 엄마라는 이름의 위성으로 내 주변을 보살피며 살고 있지만, 당신 또한 내 나이를 지나쳐 왔을 것이다. 온전한 이름으로 불리며 온 우주가 당신을 중심으로 돌던, 그런 주인공이었던 시절이 있었을 테다. 당신이 내 삶을 온전한 주인공으로 살 수 있게 해준 것처럼, 나도 당신에게 또 다른 세계를 보여주고 싶어.

"엄마, 여긴 낮에도 늘 달이 떠. 같이 보러오자."

젊은 날의 그들이 만나

✦
표류 중

자랑스러운 딸이 되고 싶은 마음과
하고 싶은 것 다 하는 이기적인 딸이 되고 싶은 마음,
그 사이 어딘가

한정된 시간 속에서 사는 게 아니었더라면
더 이기적으로 살았겠지 아마.

미안해. 하고 싶은 것 많은 철부지 딸이라서.
고마워. 멋있는 우리 엄마 아빠로 만나줘서.
사랑해. 항상-

엄마와 아빠가 되었다

✦

겁쟁이 어른

어렸을 땐 긴 머리를 싹둑 잘라내는 일이 쉬웠다.
머리를 기르기까지 얼마나 오랜 시간이 걸리는지 몰랐으니까.

가치를 아는 것은 포기하기 어렵다.
손에 쥔 내 것을 버리는 일 또한 마찬가지다.
그래서 나이가 들수록 겁이 많아지나 보다.

가진 게 많아져서, 지켜야 할 소중한 것들이 많아져서,
그렇게 겁의 크기도 함께 자라나나 보다.

✦

글 쓰고 싶지 않은 날

태국에서 한 일은 거의 아무것도 없었다. 원래 계획대로라면 빠이에 한 달쯤 머물며 그간의 여행과 감정을 글로 써내려가야 했다. 조금, 조금씩 쓰긴 했지만 감정이 폭포수처럼 쏟아져 내렸던 옛날과 달리 글이 잘 써지지 않았다. 사실 그냥 쓰기 귀찮았다.

빠이에 머물며 했던 일들은 침대에 누워 창밖 풍경 보기, 침대에 누운 그대로 산과 하늘을 멍-하니 바라보다 부엌으로 향하기, 어제 시장에서 사온 토마토와 아보카도를 잘게 썰어 라임을 뿌린 뒤 빵에 발라먹기, 가끔은 토마토 주스로 갈아 마시기, 또 한참을 빈둥거리며 산과 하늘 바라보기가 대부분이었다. 게스트 하우스에 묵었지만 같은 방에서 지내던 사람들이 떠나며 운 좋게 혼자 큰 창을 가진 방을 쓰게 되었고, 덕분에 원하는 시간에 자고, 일어나는 생활이 가능했다.

행복하다.

지나간 추억을 하나둘 꺼내어 곱씹어 보면 기억에 남는 순간들은 유명하고 예쁜 핫플레이스에 있는 내가 아니라 그냥 소소한 일상을 즐기는 것이었다. 따뜻한 햇살에 깨는 늦은 아침, 무엇을 먹을지가 가장 큰 고민거리인 날, 친구와 마시는 술 한 잔, 별것 아닌 이야기에도 꺄르르 웃음 나는 평온한 하루. 바쁜 현실을 살다 보면 그리워질 오늘 이 느린 시간들.

행복에 취해 글을 쓰고픈 생각이 들지 않았다. 글이 술술 써지는 날은 슬프고, 힘들고, 아프고, 괴로울 때였으니까. 이란에서는 확실히 많은 마음과 활자를 토해냈었지. 글을 쓰는 행위에는 무언가 특별한 힘이 있어서 마음이 어지럽고 가빠올 때 감정을 일기장에 토해내고 나면 배가 꼬인 것처럼 아팠던 게 덜해진다. 좋은 날, 좋은 마음을 기록해두면 다시 읽을 때 그 마음이 살아나 한 번 더 행복해질 수 있고. 아픈 마음은 글과 함께 휘발되고, 예쁜 마음은 글과 함께 영구히 보관된다.

어쨌든, 오늘은 글을 쓰지 않아도 될 것 같은 날이다.

느린 날들
빠이에서의

하늘의 색깔들
눈을 감았다 뜨면 변하는

✦

사소하지 않은 사소한 일

"전 아무것도 아닌 시간을 좋아해요. 지금처럼 쓰잘데기 없이 떠드는 걸 좋아하거든요. 인생 낭비만큼 재밌는 게 없다는데, 하나도 생산적이지 않게 시간을 죽이는 일이 좋네요." 하는 나의 말에 여행을 하다 알게 된 그는 대답했다.

"저는 시간을 무의미하게 쓰는 걸 싫어하지만 이건 무의미한 시간이 아닌 걸요."

생각해보면 많은 시간 동안 행복은 사소한 것으로부터 시작됐다. 칼바람이 부는 추운 날 마신 오뎅 국물 한 모금이 따끈해서, 오늘따라 보랏빛 노을이 아름다워서, 이불 속에서 보는 웹툰이 재미있어서, 당신의 입에서 나온 내 이름이 간지러워서 말이다. 별것 아닌 것으로 시작했다고 행복이 가치 없는 감정이 되는 건 절대 아니었다.

우리는 누군가와 처음 만났을 때 사소한 이야기부터 시작하게 된다. "어떤 음식을 좋아하세요? 좋아하는 영화는 뭐에요?" 하는 사소하지만 결코 사소하지 않은 이야기들은 차곡차곡 쌓여 우리의 관계를 형성하고, 더 깊고 진득한 사이로 발전시키지.

무의미하지 않았다. 사소하다고 여겼던 모든 것들은 가치 있을 수 있는 것이었다. 만약 가만 앉아 사색하고, 수다를 떨고, 누워서 멍을 때리는 시간들이 생산적이지 않은 시간이라면, 나는 그 시간에 의미를 덧씌워 주리라 마음먹었다. 보잘것없어 보이는 이것도 그 어떤 것보다 큰 의미가 될 수 있으니까, 우린 이 시간을 사랑할 수 있을 거야.

청량한 파란색의 하늘을 좋아합니다.

커튼 사이를 비집고 들어오는
햇살을 좋아합니다.
사부작거리는 이불 속을 좋아합니다.
진한 종이책 냄새를 좋아합니다.
내 눈 속에 비치는 너른 세계를
좋아합니다.

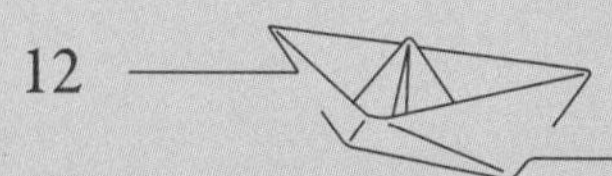
12

✦

오늘도
안녕합니다

제자리로 돌아왔다. 바깥엔 칼바람이 불어도 언제나 따뜻한 우리 집. 여전히 포근한 나의 가족, 여전히 편안한 내 방으로 돌아왔다. 긴 시간 세계를 떠돌았다 하여 영어 실력이 미친 듯이 향상되었거나 멋져 보이는 인간이 되지는 않았다. 이 방에는 전처럼 취업 준비생이지만, 어쩐지 귀해진 나와 조금 더 단단해진 마음이 함께 있다.

남보다 조금 더디더라도 내가 원하는 길을 찾아볼 거야.

한국에 도착하자마자 일을 구하고, 서울에 월세방 한 칸을 얻었다. 생각대로 순조롭게 흘러간다면 편하련만 인생은 언제나 내 맘대로만 굴러가지 않았다. 해서 솔직히 나도 내 인생이 어떻게 될지 잘 모르겠다. 그래도 매일 행복한 일 하나쯤은 있을 거야. 내가 하고 싶은 게 뭔지 찾아가는 길이니깐. 보너스 같은 이벤트가 벌어질지도 모르지.

때론 달리다 넘어지고 굴러 아픈 날도 있을 거다. 깨진 무릎을 부여잡고 엉엉 울 때, 문득 지나간 여행 속에서 답을 찾을 수도 있고. 아직은 무엇이 되지 못하더라도 조급해하지 않겠다. 우리에겐 셀 수 없이 많은 길이 있으니까 열심히 걷고, 바라보고, 행복해야지. 먼 훗날 머리가 희게 세고, 주름이 자글거릴 때 "어이구, 내 인생 참 예쁘다." 할 수 있도록.

화장을 하면 부지런한 멋쟁이
화장을 하지 않으면 자유로운 영혼

그 무엇이 되더라도 아름다운 사람

아름다울 인생

—— End.

그냥 나라서

초판 1쇄 인쇄 2019년 08월 23일
초판 1쇄 발행 2019년 09월 02일
지은이 진민희

펴낸이 김양수
책임편집 이정은
편집·디자인 김하늘
교정교열 박순옥

펴낸곳 도서출판 휴앤스토리
출판등록 제2012-000035
주소 경기도 고양시 일산서구 중앙로 1456(주엽동) 서현프라자 604호
전화 031) 906-5006
팩스 031) 906-5079
홈페이지 www.booksam.kr
블로그 http://blog.naver.com/okbook1234
이메일 okbook1234@naver.com

ISBN 979-11-89254-27-8 (03980)

* 이 도서의 국립중앙도서관 출판예정도서목록(CIP)은 서지정보유통지원시스템 홈페이지(http://seoji.nl.go.kr)와 국가자료종합목록 구축시스템(http://kolis-net.nl.go.kr)에서 이용하실 수 있습니다.
(CIP제어번호 : CIP2019032562)